全国渔业船员培训统编教材
农业部渔业渔政管理局 组编

U0606232

船舶轮机实操手册

（海洋渔业船舶轮机人员适用）

杨建军　沈千军　刘黎明　编著

中国农业出版社

图书在版编目（CIP）数据

船舶轮机实操手册：海洋渔业船舶轮机人员适用 / 杨建军，沈千军，刘黎明编著 . —北京：中国农业出版社，2017.3

全国渔业船员培训统编教材

ISBN 978 - 7 - 109 - 22604 - 3

Ⅰ.①船… Ⅱ.①杨… ②沈… ③刘… Ⅲ.①船舶-轮机-技术培训-教材 Ⅳ.①U676.4

中国版本图书馆 CIP 数据核字（2017）第 008179 号

中国农业出版社出版

（北京市朝阳区麦子店街 18 号楼）

（邮政编码 100125）

策划编辑 郑 珂 黄向阳

责任编辑 郭永立

三河市君旺印务有限公司印刷 新华书店北京发行所发行

2017 年 3 月第 1 版 2017 年 3 月河北第 1 次印刷

开本：700mm×1000mm 1/16 印张：8

字数：125 千字

定价：40.00 元

（凡本版图书出现印刷、装订错误，请向出版社发行部调换）

全国渔业船员培训统编教材
编审委员会

全国渔业船员培训统编教材编辑委员会

主　编　刘新中

副主编　朱宝颖

编　委（按姓氏笔画排序）

丛书序

　　安全生产事关人民福祉，事关经济社会发展大局。近年来，我国渔业经济持续较快发展，渔业安全形势总体稳定，为保障国家粮食安全、促进农渔民增收和经济社会发展作出了重要贡献。"十三五"是我国全面建成小康社会的关键时期，也是渔业实现转型升级的重要时期，随着渔业供给侧结构性改革的深入推进，对渔业生产安全工作提出新的要求。

　　高素质的渔业船员队伍是实现渔业安全生产和渔业经济持续健康发展的重要基础。但当前我国渔民安全生产意识薄弱、技能不足等一些影响和制约渔业安全生产的问题仍然突出，涉外渔业突发事件时有发生，渔业安全生产形势依然严峻。为加强渔业船员管理，维护渔业船员合法权益，保障渔民生命财产安全，推动《中华人民共和国渔业船员管理办法》实施，农业部渔业渔政管理局调集相关省渔港监督管理部门、涉渔高等院校、渔业船员培训机构等各方力量，组织编写了这套"全国渔业船员培训统编教材"系列丛书。

　　这套教材以农业部渔业船员考试大纲最新要求为基础，同时兼顾渔业船员实际情况，突出需求导向和问题导向，适当调整编写内容，可满足不同文化层次、不同职务船员的差异化需求。围绕理论考试和实操评估分别编制纸质教材和音像教材，注重实操，突出实效。教材图文并茂，直观易懂，辅以小贴士、读一读等延伸阅读，真正做到了让渔民"看得懂、记得住、用得上"。在考试大纲之外增加一册《渔业船舶水上安全事故案例选编》，以真实事故调查报告为基础进行编写，加以评论分析，以进行警示教育，增强学习者的安全意识、守法意识。

相信这套系列丛书的出版将为提高渔民科学文化素质、安全意识和技能以及渔业安全生产水平，起到积极的促进作用。

谨此，对系列丛书的顺利出版表示衷心的祝贺！

农业部副部长

2017 年 1 月

前　言

　　《船舶轮机实操手册（海洋渔业船舶轮机人员适用）》一书是在农业部渔业渔政管理局的组织和指导下，由浙江海洋大学、舟山市渔业技术培训中心共同承担编写任务，根据《农业部办公厅关于印发渔业船员考试大纲的通知》（农办渔〔2014〕54号）中关于渔业船员理论考试和实操评估的要求编写。参加编写的人员都是具有多年教学和实际船上工作经验的教师。

　　本书内容突出适任培训和注重实践的特点，融入了各位编者多年的教学培训经验和实操技能，旨在培养船员的实际应用能力，适用于全国海洋渔业船舶轮机人员实操评估、培训和学习，也可用作船员上船工作的工具书。

　　本书共分四章。第一、二章由浙江海洋大学杨建军编写，第三章由舟山市渔业技术培训中心沈千军编写，第四章由舟山航海学校刘黎明编写。全书由浙江海洋大学杨建军统稿。

　　限于编者经历及水平，书中错漏之处在所难免，敬请使用本书的师生批评指正，以求今后进一步改进。

　　本书在编写、出版工作中得到农业部渔业渔政管理局、中国农业出版社等单位的关心和大力支持，特致谢意。

编　者

2017年1月

目　录

动力设备拆装基本知识

在船舶机械设备的维护管理工作中，对设备进行拆装是一项经常性的工作。为确保拆卸工作安全、高效地进行，并保证装配的质量，轮机管理人员必须熟练地掌握动力设备拆装的安全操作规则及基本拆装知识。

一、拆装的技术规则

1. 拆前准备

（1）**技术准备**　在拆卸前，拆装人员应首先了解所拆设备的构造特点和装配技术要求，明确拆装目的，制定拆装方案。

（2）**工具准备**　在拆卸时需要的工具包括：通用和专用工具、通用和专用量具及各种随机辅助设备等。

（3）**起重设备准备**

（4）**其他物料准备**　为了支撑重要零件和包扎管口等，需准备木板、厚纸板、布或木塞等；还需各种消耗品，如棉纱、油料等。

2. 拆卸技术要点

（1）**做记号和系标签**　在拆卸过程中，对拆下的零件系标签，注明其所属部件、次序等；做好各零部件之间的相对位置记号，以防装复时错位。

（2）**保护好零件及设备**　从机器上拆下的仪表、管子和零部件应分门别类地妥善放置与保管。仪表、精密零件和零件配合面应慎重放置与保护。机器拆卸后，为防止异物落入，固定件上的孔口、管口应用木板、纸板、布或塑料膜等将孔口、管口堵塞或包扎。

（3）**过盈件的拆卸**　机器上具有过盈配合的配合件的拆卸，应使用专用工具、随机专用工具或采用适当加热（或冷却）配合件的方法，才能顺利拆卸且不会损伤零件，切勿硬打硬砸。

（4）**紧固件的拆卸**　拆卸时应检查是否有定位销、卡簧等，当确认无任何妨碍时再进行拆卸，零件需敲打时，必须垫着木块或铜棒等较软的物体。

（5）**拆卸安全**　拆卸过程中的安全操作对于保证人身安全至关重要，所以，在拆卸过程中应注意选用工具要适当，不可任意加长扳手以免扭断螺栓；注意吊装安全，吊运捆绑要牢固且不损伤零件，严禁超重吊运。

3. 装配技术要点

① 安装时，应按"先拆后装，后拆先装"的次序进行。

② 配合件的工作表面不允许有伤痕、缺陷，所有零件装配前应清洁干净，并在运动部件配合表面涂上润滑油。

③ 装配时应确保配合件之间的正确配合，间隙符合说明书要求。对于有记号和装配要求的零部件，均应按原来的位置装配，不得装错或装反。

④ 重要的螺栓不得有损伤，上紧时应按规定的顺序和预紧力进行。

⑤ 防松零件如开口销、锁片、弹簧垫圈等，均应按规定尺寸规格安装，不可用不同规格替代。

⑥ 在装配中，除完好的金属垫片可继续使用外，对纸质、软木垫片等原则上应换新。

⑦ 在装配中，应随时检查零件的灵活性和密封性要求，避免装完后返工。

⑧ 装配完毕后，应全面检查装配质量。如有漏装、装错现象，应及时纠正。

二、拆装的安全规则

拆装的安全规则是为了保证人身安全和机械设备安全，防止发生人身事故和工具、仪表、机器、零部件的损伤、变形。安全规则可归纳为以下几条。

1. 工具使用安全注意事项

① 拆装时，应首选专用工具，再选通用工具。

② 拆装螺母时，应首选梅花扳手或套筒扳手，尽量少用活络扳手和开口扳手，因为后两种扳手容易拧滑伤人或磨损螺母棱角。

③ 不允许随意加长扳手的长度，以防力臂过大造成力矩过大引起螺柱折断及伤人事故。

2. 拆装作业安全注意事项

① 拆装过程中应分工明确，统一指挥，互相配合。特别是在拆装、搬运笨重零部件以及盘车时，应相互关照，避免因配合不当造成人身伤害事故

以及机械零件损伤、损坏事故。

② 对较难拆卸的零部件，应查明原因，分析找出拆卸的方式方法，避免硬敲强拆、损坏零件。

③ 拆卸前应做好安全预防措施，预防在拆装过程中油、水、汽、电发生跑、冒、滴、漏现象，防止人机损伤。

④ 保持拆装现场场地清洁，拆装过程中洒落在地上的污油、水及杂物应及时清除，以防人员滑倒摔伤。

3. 吊装工作中的安全注意事项

① 在吊运零部件前，应认真检查起吊工具，特别是吊索、吊钩及受吊处，确认牢固后方可吊运。

② 严禁超负荷使用起吊工具，起吊重量应小于起吊绳索额定载荷的20%～40%。起吊时，应先用低速将绳索绷紧，再慢慢起吊，如果发现起吊吃力，应立即停止起吊操作，并采取相应措施。

③ 吊索与吊钩的悬挂中心应与机件的重心中心保持一致。

④ 在起吊过程中，应禁止任何人在重物下面通过或工作。

4. 机件的清洁与清洗液

柴油机零部件拆下来经过必要的检查后，须进行清洗，清除零部件表面及孔、道、口处的水垢、积炭、铁锈等，以便进行彻底的检查、测量和装配。因此，清洗零部件是维护保养工作中对机器了解最直接的一项重要内容。

（1）清除水垢　柴油机较长时间运行后，冷却水腔会有水垢附着在传热面上，也会有泥沙之类的杂质沉淀堵塞冷却水通道，影响传热效果，为此要定期进行清除和清洗。清洗时可打开冷却水腔道门，用软刮刀或钢丝刷伸进冷却水腔刮、刷水垢，然后用压缩空气吹扫或者用清水冲洗。但水垢太厚以致机械清除有困难时，应采用化学清洗法。

化学清洗法即利用化学清洗剂与水垢产生的化学反应将水垢除去。常用的清洗剂有两种：一种是用20%盐酸水溶液加少量福尔马林抑制剂（以防止盐酸对金属的腐蚀）的水溶液；另一种是0.3%～0.5%碳酸钠水溶液。清洗方法是将配好的清洗剂灌入冷却水腔，使之与水垢或水接触一段时间，一般用盐酸水溶液需24 h左右，具体时间视水垢厚度而定。然后放掉清洗剂并用清水冲洗干净。

对于中小型闭式循环冷却的柴油机，还可采用整机冷却水空间清洗法：

将配好的清洗剂灌入冷却水腔，使其代替冷却水在系统内循环，最后拆下下部管路放掉沉淀物。

（2）清除积炭

① 机械法：用刮刀、断锯条刮除非光滑配合面上的积炭或用钢丝刷刷掉积炭；对光滑配合面上的积炭可用铜或铝软刮刀刮除。

② 清洗法：清除零件表面难以刮除的积炭可采用除炭清洗剂进行浸洗，之后用清水冲洗干净。

第一章　动力装置拆装

项目一　柴油机气缸盖的拆装与检查

（一）设备和工量具

柴油机、吊装工具及起重设备、扭力扳手、直尺、塞尺、液压试验工具和煤油等。

（二）拆卸与检查

1. 拆卸步骤

① 盘车至该气缸压缩行程上止点（进、排气阀关闭状态），放掉气缸盖冷却水腔中的冷却水。

② 拆除与缸盖和缸盖附件相连接的管子。把所有向上的管口、油孔用麻布包扎好，以免杂物落入。对拆下的所有螺栓、零件和垫床都要放置整齐，妥善保管。

③ 拆除进、排气阀的摇臂机构，抽出气阀顶杆，拆除缸盖上的气缸启动阀、喷油器、安全阀和示功阀等。

④ 拆卸气缸盖时，先对气缸盖每个螺母与螺栓相对位置编号，并做好记号。拆卸气缸盖通常采用专用扳手，按对角线交叉顺序逐一拧松，取下的缸盖螺母用铁丝或麻绳穿起来，以免散失。

⑤ 吊起气缸盖。需用专用起吊工具吊起气缸盖。吊起气缸盖时必须确认与缸盖相连接的其他部件都已全部松开，将气缸盖用工具撬松。柴油机气缸盖上一般都设有供起吊用的螺孔，将吊环螺栓拧入起吊螺孔中，穿好钢丝绳后即可以用葫芦将气缸盖吊起来。为防止起重吊环被扭伤，最好在钢丝绳中加上一块撑板。如图 1-1 所示。

图 1-2 所示的是利用缸盖上摇臂轴支架的螺丝孔装上起吊气缸盖的专用工具，即可用葫芦将气缸盖吊起来。

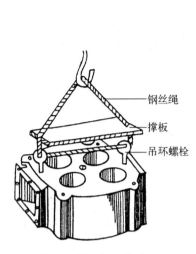

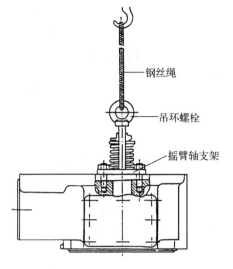

图 1-1　吊起气缸盖示意一　　　　图 1-2　吊起气缸盖示意二

⑥ 必须注意，在起吊气缸盖时切勿用力过猛，特别是使用电动葫芦时。

⑦ 拆下的气缸盖应用木板垫好放稳，以免碰伤与气缸套接触的密封面。

⑧ 对气缸盖进行清洁，以备检查。

2. 气缸盖检查

(1) 气缸盖底面烧蚀检验　将清洁后的气缸盖倒置，将直尺侧立于被检平面上，观察直尺侧边与平面的接触情况，如有缝隙说明有烧蚀，将塞尺插入直尺与平面之间，测量该缝隙值即为烧蚀量。

(2) 气缸盖裂纹检查　气缸盖裂纹的检查方法主要有如下几种：

① 观察法：检修人员可凭肉眼或放大镜等来观察和判断气缸盖裂纹、腐蚀点和机械损伤。

② 听响法：检修人员根据敲击零件时发出的声音来判断气缸盖有无裂纹等缺陷。如声音清脆表明零件完好，声音沙哑则表示零件有裂纹或缺陷。

③ 煤油白粉法：将煤油（或轻柴油）涂在清洁后的气缸盖待检查的平面上（渗透时间 10～15 min），如有裂纹，煤油就会渗入。然后用布擦干，再撒上白粉，裂纹中的煤油就会渗出，在白粉上显示黑色的线状痕迹。

④ 液压试验法：在进行检查之前，先将被检查的气缸盖所有水孔全部堵塞起来，然后向冷却水空间注满液体，按规范要求加压到 0.7 MPa，并保持 5 min，观察气缸盖表面有无渗漏现象。

（三）气缸盖的安装

1. 安装前的准备工作

① 彻底清洁气缸盖，装妥气缸盖安装前需装配的零部件。

② 准备专用吊装工具及起重设备。

③ 将紫铜或软钢垫床整形并退火，恢复其良好的塑性。

④ 准备好气缸盖封水胶圈及进排气支管垫片。

⑤ 螺栓及螺母螺纹检查，确认无损伤。

2. 安装步骤

① 将气缸盖吊装工具牢固地装在缸盖上，挂上吊钩将缸盖稍稍吊起，进一步清洁气缸盖底面及进排气支管结合面。

② 将缸盖垫床两面涂密封胶并装于缸套顶端密封面上，在缸体顶面封水胶圈锥孔处装好密封胶圈。

③ 遵照安全起重规则及正确的方法将缸盖起吊至气缸上方，对正螺孔缓慢平行地落下缸盖。

④ 按说明书给出的拧紧力矩要求，用扳手对角、分数次拧紧螺母，最后一次的拧紧力矩要符合说明书规定。

⑤ 将两面涂有密封胶的垫片插入进排气支管接口。

⑥ 装复气阀传动机构。

⑦ 装复油、气、水管及其他附件，并调整气阀间隙。

项目二　气阀间隙的检查与调整

（一）设备及工量具

柴油机、塞尺、扳手和螺丝刀。

（二）检查、调整的方法和步骤

以六缸四冲程机为例，发火次序为 1-5-3-6-2-4。

1. 逐缸检调法

调整气阀间隙的原理和方法分别如图 1-3、图 1-4 所示。

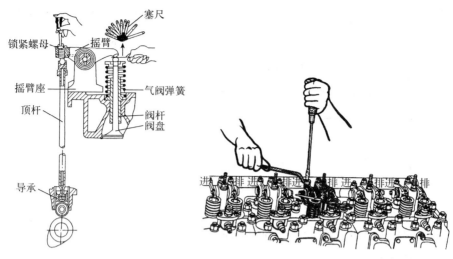

图 1-3 调整气阀间隙的原理   图 1-4 气阀间隙调整方法

① 在柴油机冷态下按曲轴正车工作转向盘动飞轮，使第一缸活塞处于压缩行程上止点附近，使进、排气阀均关闭。

② 按说明书规定的气阀间隙值将塞尺片插入摇臂与阀杆顶端之间或凸轮与顶杆滚轮之间来回抽动塞尺，手感稍有阻力即为最合适的间隙，否则应予调整。

③ 若来回抽动塞尺片手感阻力很小甚至无阻力说明间隙太大；反之，若手感阻力很大，说明间隙太小，应予调整。

④ 用扳手拧松调节螺钉的锁紧螺母，一边用螺丝刀按调整要求拧动调节螺钉，一边同时来回抽动塞尺片，直至手感稍有阻力，即表示间隙值已合乎规定要求。

⑤ 抽出塞尺片，用螺丝刀止住调节螺钉，使之不能转动，同时用扳手锁紧螺母。

⑥ 再次用塞尺片复检松紧程度是否变化，直到完全合格为止。

⑦ 按曲轴正车转向盘动飞轮，经过一个发火夹角（本例为 120°）可检查、调整下一个发火气缸（本例为第 5 缸）的气阀间隙，以此类推。

2. 两次检查、调整法

① 按曲轴正车工作转向盘动飞轮，使第一缸活塞处于压缩行程上止点。

② 此时，可检查、调整的气阀间隙如表 1-1 所示，检调方法同 1. 逐缸检调法。

表 1-1　可调间隙气缸

缸号	1	2	3	4	5	6
可调气阀	进、排	进	排	进	排	不可调

③ 在完成上述各缸检调后,盘动飞轮一周,可检查、调整上述未检调的气阀的间隙。

项目三　气缸套的拆装

(一) 设备及工量具

柴油机、起重设备、专用工具、内径量表和垫铁。

(二) 拆卸步骤

1. 拆卸前的准备工作

放掉所拆柴油机冷却系统中的冷却水。准备好起重设备和专用工具,并检查确认其技术状态的完好性。在曲柄销上部遮盖上帆布等以免杂物污染油底壳;清洁缸套顶部,确认定位标记。

2. 安装好拆卸专用工具

在气缸体上端面放上垫铁,将压板跨越气缸套直径放在垫铁上,从压板中孔穿过拉杆螺栓,从装有气缸套下部的托板中孔穿出拧上螺母,将气缸套夹紧在压板和托板之间。如图 1-5、图 1-6 所示。

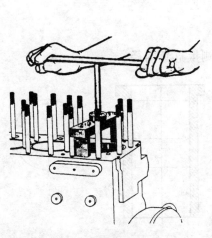

图 1-5　气缸套拆卸

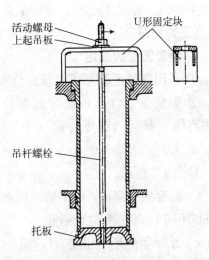

图 1-6　拆卸气缸套工具

3. 拉出缸套

① 拧入拉杆螺栓上部的螺母，将气缸套逐渐拉出，待气缸套下部密封圈越过配合面后气缸套即处于自由状态。

② 继续拧入拉杆螺栓上部的螺母，使气缸套夹紧在两块定位板之间。

③ 调整吊钩使其位于气缸轴线的延长线上，将气缸套吊出放于垫木上。

④ 清洁缸套，检查缸套外表面的生锈、穴蚀等情况，检查缸套内表面的磨损情况，必要时测量缸套的圆度和圆柱度。

（三）装配步骤

① 应注意金属密封垫片安装正确；新水封橡胶圈装进气缸套前，应检查弹性。水封橡胶圈应平顺地装入缸套橡胶圈槽内，不得有绞缠现象。

② 应注意气缸套定位标记。

③ 一切准备工作做好后，在缸套水封位和凸肩底圈面涂少许肥皂水即可将缸套放入机体，待有一定紧感（阻力）时，用压缸专用工具（或用缸盖）压入缸套，直至缸套与机体凹缘肩贴紧。

④ 气缸套装配落位后，应用内径量表测量气缸套内径的失圆情况，一般缩小不得超过 0.03 mm。

项目四 气缸套的磨损测量

（一）设备及工量具

柴油机、外径千分尺、专用工具、量缸表（内径量表）和垫铁。

（二）测量

1. 测量部位的确定

① 采用内径千分尺或内径百分表测量缸套内径。

② 测量是在缸套内确定的部位上进行同一截面内首尾方向（Y-Y）和左右方向（X-X）的缸径方向测量，如图 1-7 所示。

③ 缸套测量部位，中小柴油机通常在以下四个部位进行缸径测量。

a. 当活塞位于上止点时，第一道活塞环对应的气缸套位置。

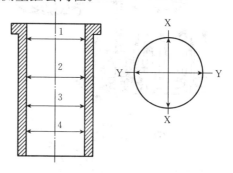

图 1-7 缸套测量部位

b. 当活塞位于中点行程时，第一道活塞环对应的气缸套位置，最后一道油环所对应的气缸套位置。

c. 当活塞位于下止点时，最后一道油环所对应的气缸套位置。

2. 量缸表的使用

测量前需先进行内径量表的装配和调校。内径量表的结构如图1-8所示。装配和调校的方法如下：

① 按所要测量的缸径选用合适的可换量头，选择可换量头的方法是使要测量的缸径值在活动量头与可换量头两端距离的量程内。将可换量头外螺纹端装入滚花螺母后拧入三通管的螺孔中，旋动可换量头，调节到量头间距比缸径公称值大1～2 mm为宜。

② 将百分表装到表杆上，使百分表指针有0.5 mm左右的读数，将固定百分表的螺栓适当拧紧。

③ 调整好外径千分尺。擦净外径千分尺的两测量面。使用随外径千分尺提供的校准棒校验外径千分尺微分筒"0"刻度线是否与固定套筒上的水平线重合，同时微分筒边缘应与固定套筒上的"0"线的右边缘恰好相切。如果"0"位校准不准确，确认误差值。将外径千分尺两测量面距离调至缸径的公称尺寸（注意校准误差值），锁住微分筒保持此距离。

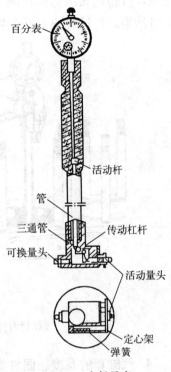

百分表
活动杆
管
三通管
可换量头
传动杠杆
活动量头
定心架
弹簧

图1-8　内径量表

④ 将内径量表的活动量头与可换量头两端放入已调整好缸径公称尺寸的外径千分尺两测量面内，旋动可换量头，使百分表小指针的读数有1～2 mm的预紧力，锁紧滚花螺母固紧可换量头，记下百分表小指针的读数，然后转动百分表面使大指针对"0"。调整好后的内径量表的活动量头和表盘面不允许有任何的松动和转动，否则将直接影响测量值的准确性。

3. 测量的步骤

① 用右手握住内径量表表杆（握住表杆上胶木部位），如图1-9所示。左手两指使表的定心架压在缸套壁面，使可换量头进入气缸套内。

② 将可换量头放在要测量的部位，右手握住内径量表表杆前后稍作摆

动，这时定心架沿缸套母线略作上下移动，如图1-10所示。观察表杆摆动时表面大指针的偏转，应使表杆向表针转动的减值（所量值减小）方向摆动。到表针刚要反转时，表杆立即停止摆动，这时百分表读数为内径的相应尺寸。记下百分表上的读数，与气缸直径的规定值或与上次测量的数值进行比较，可得出该测量部位的实际尺寸或相对磨损量。根据同一缸不同部位的测量结果，可计算出缸套的圆度和圆柱度。

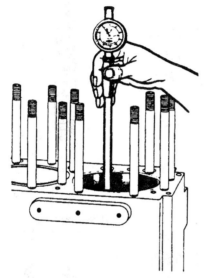

图1-9　气缸套内径测量

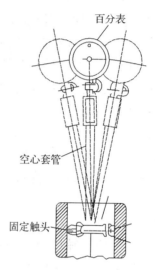

图1-10　内径量表读数法

4. 气缸套的圆度、圆柱度的计算

缸套测量记录见表1-2。

表1-2　缸套测量记录表

缸号

缸套测量记录表

位置 \ 方向	X-X	Y-Y	圆度
Ⅰ			
Ⅱ			
Ⅲ			
Ⅳ			
圆柱度			

（1）**圆度**　同一测量环带上X-X和Y-Y方向上两直径差值的1/2，取四个环带上最大差值为最大圆度。

（2）圆柱度 沿 X-X 和 Y-Y 方向不同环带上最大与最小直径上的直径差值的 1/2，取其中最大差值为最大圆柱度。

项目五 四冲程连杆活塞组件分解和拆装

（一）设备及工量具

连杆活塞组件、加热容器、起重设备、吊装工具、挡圈钳、铜棒和锤子。

（二）分解步骤（以浮动式连接的铝合金活塞组件为例）

连杆活塞组件是柴油机中主要受力运动件之一，它包括的零件如图 1-11 所示。

1. 拆卸连杆大端

① 盘车转动曲轴，使准备拆下的活塞位于气缸内合适的位置。

② 认准连杆大端轴承上、下盖之间的记号。用专用扳手从曲轴箱道门两边拧松连杆螺柱的固紧螺母，如图 1-12 所示。

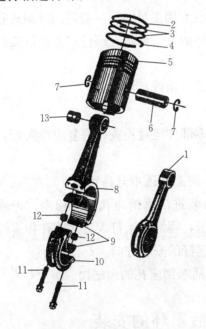

图 1-11 活塞连杆组件

图 1-12 拆卸连杆螺柱

1. 连杆机加工部件 2、3. 气环 4. 油环

5. 活塞 6. 活塞销 7. 锁环 8. 连杆体

9. 轴瓦 10. 连杆盖 11. 连杆螺栓

12. 定位套筒 13. 衬套

2. 起吊活塞连杆组件

在活塞顶上装上专用提升工具，利用葫芦吊起活塞连杆组件。起吊活塞连杆组件时，注意勿使连杆轴瓦跌落，并注意切勿擦伤气缸套内壁。

3. 拆卸活塞销（连杆活塞组分解）

① 取下活塞销座孔两端的挡盖，检查确认活塞销与座孔的装配标记和相对装配位置。

② 用挡圈钳取下销座孔内的弹性卡簧，清洁活塞销孔，检查并修刮销孔表面有碍拆卸活塞销的毛刺及凸起等缺陷。

③ 将活塞组件吊起倒置于加热容器并埋入机油（活塞顶不得与容器底接触），从常温开始加热使温度逐步升高到 100 ℃左右，然后保温 15 min。

④ 将活塞组件吊出倒置于木板上，用手推出活塞销；若连接过紧，允许用铜棒轻轻敲击活塞销与连杆分解。

⑤ 让分解开的组件自然冷却至常温即可检查修理。

4. 拆卸活塞环

活塞环的拆卸应用专用工具。在没有专用工具时，一般可用麻绳或铁丝弯成环形，套在拇指上，分别挂在活塞环的开口两端，缓慢用力使活塞环张开后进行拆卸。

拆卸的活塞环应按顺序放置好，不要弄错或乱放。

（三）装配步骤

装配是分解的反顺序，活塞组件各零部件经过检查、修复或换新后，符合质量要求才能进行组装。

① 用上述 3.③的方法将活塞加热，使温度逐步升高到 100 ℃左右。

② 先将其中一个弹性卡簧用挡圈钳装进活塞销座孔的沟槽内，再将涂过机油的活塞销用手推或用铜棒轻轻敲击，将活塞销打入活塞销孔和连杆小端衬套孔内。安装时应特别注意活塞与连杆的安装方向。

③ 用挡圈钳将另一端弹性卡簧装入活塞销座孔的沟槽内。

项目六　柴油机活塞环的安装

（一）设备及工量具

活塞、活塞环、塞尺、放大镜、专用工具、行灯、游标卡尺和圆形硬纸盖板等。

（二）装配步骤

1. 装配前活塞环的检查

（1）外表检查　检查活塞环表面的磨损情况，是否有沙眼孔、麻点、毛刺等缺陷。

（2）弹性检查　在船上弹性检查方法主要有以下几种：

① 测量活塞环自由开口：自活塞取下活塞环并清洁后，用游标卡尺测量活塞环自由状态下的开口大小。通常自由状态下的开口尺寸为（0.1～0.13）D（D为缸径尺寸，mm），若所测自由开口小于该值，说明环的弹性下降。

② 永久变形法：自活塞取下活塞环并清洁后，人为将环的自由开口闭合或扩大一倍2～3 min再松开，若其永久变形量大于自由开口值的10%，则表明环的弹性下降。

③ 新旧环对比法：将旧活塞环直立在新活塞环上，从上加一压力于活塞环，用塞尺测量新旧环的搭口间隙，如旧活塞环搭口小于新环，说明旧环的弹性不足。

（3）活塞环与气缸套的密封性检查　清洁活塞环与气缸套，将活塞环放入气缸套内没有磨损的部位（缸套下部），把活塞环放平。在缸套中活塞环的下侧用行灯照射，上侧盖上略小于缸径的圆形硬纸盖板，检查活塞环与缸套壁面的漏光情况。合格要求：每处漏光弧长不得超过30°，同一根活塞环的漏光弧长总和不得超过90°，但在活塞环搭口两端各30°的范围内不允许漏光。并且漏光径向间隙用0.02～0.03 mm塞尺不得通过。如图1-13所示。

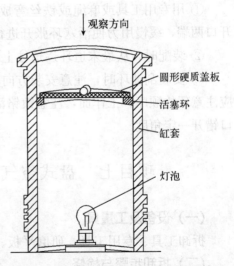

图1-13　活塞环与气缸套的密封性检查

（4）活塞环搭口间隙、天地间隙的测量

① 搭口间隙的测量：清洁活塞环与气缸套，用手握住活塞环开口的对边，将活塞环推入气缸套磨损量最小的部位，一般在缸套下部，并且放平；用塞尺片从侧面插入环的搭口间，反复试插，当手感稍有阻力时的塞尺片厚

度就是环的搭口间隙。

②天地间隙的测量：测量活塞环天地间隙的方法如图 1-14 所示。清洁活塞环与活塞环槽，将活塞环依次装于各环槽中，使活塞环下端面紧贴环槽下端面上。先用符合说明书规定的间隙值的塞尺沿环槽圆周旋转一周，检查有无卡阻现象，再用塞尺沿环槽圆周 3～4 个位置测取天地间隙的平均值。

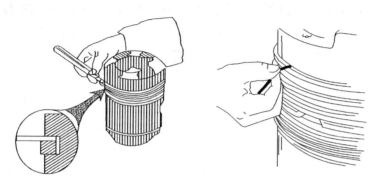

图 1-14　活塞环天地间隙的测量

2. 活塞环的安装步骤

①用专用工具或麻绳或铁丝弯成圆形，套在大拇指上分别挂在活塞环开口两端，缓慢用力使活塞环张开进行安装，应避免划伤活塞壁面。

②装配时，从最末道环逐道往上装。

③安装刮油环时，注意安装方向，应将油环的刃口向下；安装气环时，应注意环的顺序、工作面，注意镀铬活塞环为第一道气环，并将每道环的搭口错开一定角度。

项目七　盘式空气分配器拆装与检修

（一）设备及工量具

拆卸工具、专用工具、研磨平板、研磨膏、清洁的机油等。

（二）拆卸步骤与检修

以 6300 型柴油机为例，详见图 1－15。

①关闭启动的控制空气阀，将管路内的压缩空气泄放至大气。

②盘车至第一缸压缩上止点，各缸出气管做好记号。拆除进、出气管和固定螺栓，注意方位位置及配合记号，取下空气分配器。

③清洗空气分配器，将分配器解体。拆下盖板、锁紧螺母、轴承座、

图 1－15　6300 型柴油机空气分配器

1. 空气分配器总成　2. 键槽　3. 轴承座　4. 分配滑阀轴上外齿轮　5. 分配滑阀轴　6. 衬套
7. 滑阀阀盘上的缺口槽　8. 滑阀　9. 控制空气进口接头　10. 分配器体　11. 各缸控制空气出口
12. 分配滑阀轴上外齿轮记号（一点）　13. 滑阀内齿轮　14. 牛油嘴

衬套、滑阀、分配器体、分配滑阀轴等。

④ 检查滑阀与分配器体工作表面有否任何划痕、麻点等缺陷。

⑤ 检查滑阀在衬套中的滑动性，滑阀必须灵活自如；分配滑阀轴应能转动无碍。

⑥ 用吹气法检查滑阀阀盘平面（密封面）与分配器体工作表面的密封性，从控制空气进口吹气，只能与一个控制空气出口相通，如果其他控制空气出口有漏气，则说明密封不良，需要对滑阀阀盘平面进行研磨。将阀盘放在研磨平板上按 8 字形轨迹进行研磨（先粗沙、再细沙、最后用机油），直至符合技术要求。

（三）安装步骤

在所有零件清洗后，装复每个零件。

① 安装滑阀：将滑阀阀盘上的缺口槽对准第一缸的控制空气出口，装上衬套，将分配滑阀轴的键槽对准控制空气进口，分配滑阀轴上外齿轮记号对准滑阀内齿轮安装记号（一点对两点）插入滑阀，内外齿轮啮合。装复轴承座。

② 确认柴油机飞轮在第一缸压缩上止点位置，此时安装在柴油机上连

接短轴的键槽应在正上方位置。

③ 将分配器滑阀轴的键槽对准柴油机上连接短轴的键槽装入空气分配器，上紧固定螺栓，正确连接各空气管。

项目八　柴油机气缸启动阀的拆装与检修

（一）设备及工量具

柴油机、气缸启动阀、拆装工具、专用工具、研磨膏和煤油等。

（二）拆卸与检修

1. 拆卸

气缸启动阀安装在气缸盖相应的阀孔中，通常可分为直接控制式和间接控制式两种。以 6300 柴油机气缸启动阀为例，如图 1-16 所示。

① 挂好禁示牌，关闭启动的控制空气阀，将管路内的压缩空气泄放至大气。

② 拆除控制空气管和固定螺栓，取下气缸启动阀。

③ 拆出气缸启动阀后的阀孔及阀孔座面应注意全面清洁，注意勿使异物落入气缸。

④ 将气缸启动阀放在工作台上解体，取下导缸、控制活塞、顶块，从阀杆螺母处开始，慢慢地松开弹簧拆下。

2. 检修

将阀分解成单体零件后逐个清洗后进行检查，观察阀座有无损伤、裂纹、烧蚀和腐蚀等情况，检查控制活塞和导缸部分有无磨损及配合情况，检查阀杆杆身圆柱面有无拉伤、裂纹、腐蚀等情况，检验弹簧弹性是否良好。

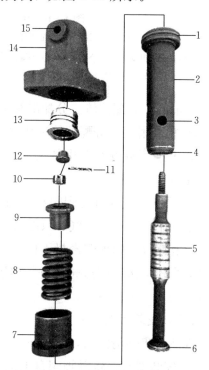

图 1-16　6300 柴油机气缸启动阀

1. 橡胶密封圈　2. 阀壳　3. 启动空气进口
4. 阀座　5. 阀杆　6. 阀头　7. 衬套　8. 弹簧
9. 弹簧盘　10. 阀杆螺母　11. 开口销　12. 顶块
13. 控制活塞　14. 导缸　15. 控制空气进口

研磨修复　清洗后对阀杆阀头与阀座密封面进行研磨（先粗沙、再细沙、最后用机油）。研磨时，阀杆必须处在垂直位置（用阀壳敲击阀头，一边敲击一边旋转）。研磨、清洗后检查阀线宽度，应达到 0.5～1 mm（根据各机型和说明书的要求，且连续无中断现象）；并做密封性试验（煤油法、划线法）。

（三）装复

① 装复在检修工作完成后方可进行。

② 阀杆螺纹应涂抹润滑油脂。

③ 装复前，更换新的橡胶密封圈。

④ 因启动阀阀杆螺母是承受冲击力的，所以拧紧时必须要有足够的预紧力。正确拧紧预紧力的方法是把螺母拧至使开口销刚好插入即可。

项目九　喷油泵的拆装和检查

（一）设备及工量具

单体式喷油泵、拆装工作台、适宜的工具及专用工具、清洗油盘及清洁的轻柴油、机油等。

（二）拆装与检查

1. 拆卸

以 6300 型柴油机喷油泵为例，拆卸顺序如图 1-17 所示。

① 将油泵夹持于垫以紫铜片的台钳上，用扳手旋出油阀紧座，依次取出限程支柱、出油阀弹簧。

② 将拉器式专用工具拧在出油阀座上端的外螺纹上，用扳手拧入拉器螺母并将出油阀及密封垫片一起拉出，将出油阀与阀座装配在一起后放入存有清洁柴油的油盘中。

③ 将油泵倒置，用杠杆工具将导向套筒压下，用钳子将弹簧挡圈挑出，依次取出导向套筒、柱塞（与弹簧下座）、弹簧、弹簧上座及齿圈，并检查核对齿圈与齿条的装配标记。

④ 将齿条限位螺钉的锁紧螺母旋松，然后将限位螺钉旋松，抽出齿条。

⑤ 将油泵正置，用螺丝刀旋出柱塞套筒定位螺钉，将泵体倾斜小心地取出套筒，随即将柱塞与套筒装配在一起，并放入存有清洁柴油的油盘中。

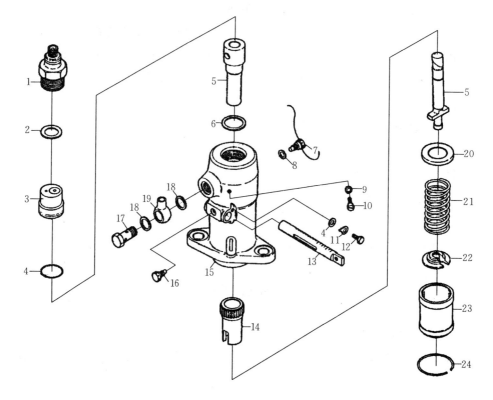

图 1-17　喷油泵的解体

1. 出油阀紧座　2、6、8、9、18. 垫圈　3. 出油阀总成　4. O形橡胶圈　5. 柱塞套筒
7. 柱塞套筒定位螺丝　10. 放气螺丝　11. 齿条刻度指针　12. 齿条刻度指针固定螺丝
13. 齿条拉杆　14. 控制套筒　15. 泵体　16. 齿条导向螺丝　17. 油管接头空心螺丝
19. 油管接头　20、22. 上、下部弹簧座　21. 柱塞弹簧　23. 导程筒　24. 卡簧

2. 检查

（1）**柱塞偶件的检查**　用放大镜观察柱塞工作面缺陷，查找损伤部位，着重检查斜槽上进、回油孔径等宽度范围内的损伤情况。

用下滑法检查密封性，将柱塞偶件彻底清洁后，蘸上轻柴油，装配在一起并做往复抽拉滑动试验，应能灵活自如无卡滞现象；然后将柱塞偶件倾斜45°，抽出柱塞工作长度1/3，靠其自重下滑：若柱塞在任何位置均无卡滞且缓慢均匀地下滑，说明密封性良好；若柱塞下滑速度过快或在一个位置下滑速度尚好而改换一个位置则不能滑下，说明有过大的圆度，不能使用。

（2）**出油阀偶件的检查**　用放大镜观察出油阀阀芯工作面缺陷，查找损伤部位。

用下滑法检查密封性，将出油阀偶件彻底清洁后，蘸上轻柴油，装配在一起做往复抽拉滑动试验，应灵活自如无卡滞现象；然后将出油阀偶件倾斜45°，抽出出油阀阀芯工作长度1/3，靠其自重下滑：若阀芯在任何位置均无卡滞且缓慢均匀地下滑，说明密封性良好；若阀芯下滑速度过快或在一个位置下滑速度尚好而改换一个位置则不能滑下，说明有过大的圆度，不能使用。

3. 装配

（1）柱塞套筒的装配

① 将柱塞套筒从泵体上部装入泵体内，装入时注意使其进油孔、定位盲孔（定位槽）分别与泵体上的进油孔及定位孔对正。

② 拧紧定位螺钉，对柱塞套筒作轴向定位（柱塞套筒轴向必须是可以移动的）。

（2）齿圈与齿条的装配

① 将油泵倒置夹在台钳上，将齿条插入齿条孔中，齿条上的装配记号朝上且处于中间，拧入定位螺钉至死位退回一个棱面，往复拉动齿条使其在全行程中灵活，然后用锁紧螺母将螺钉锁紧，并保证齿条的灵活性。

② 将齿圈装配记号对中齿条上装配记号装入泵体中，使之达到正确的啮合，再次进行往复拉动，保证齿条的灵活性。

（3）柱塞及导程筒的装配

① 将柱塞弹簧上座与柱塞弹簧依次装入泵体中，再将柱塞弹簧下座套在柱塞尾端，然后将柱塞斜边对正泵体进油孔小心地插入套筒内，注意柱塞上下斜槽与柱塞套筒进回油孔方向记号，同时注意调整柱塞凸耳上的记号，并使其对正齿圈缺口槽，装入导向套筒，用杠杆工具将导向套筒压下，将弹簧挡圈装入泵体环槽中。

② 装配结束后清洁泵体表面，用布将泵进油口及出口包好，避免落入异物。

（4）出油阀偶件的装配　从泵体上部装入出油阀偶件及密封垫片，用出油阀紧座压紧出油阀后再松出出油阀紧座，然后依次装入出油阀弹簧、限程支柱。

（5）装配出油阀紧座　在螺纹接头的螺纹处涂以少许机油，拧入泵体内接口螺纹，然后按要求的力矩拧紧接头。

项目十　柴油机供油正时检查和调整

（一）设备及工量具

柴油机、适宜的工具及专用工具。

（二）供油正时检查、调整

1. 检查前的准备

① 检查飞轮端机体上的上止点指针位置的准确性。

② 用手动泵泵油排除燃油系统中的空气。拧松泵体上的放气螺钉，利用手动输油泵泵油，直到放气螺钉排出的燃油中不含气泡为止，并把放气螺钉拧紧。

③ 将油门拉至标定位置，并将第一缸高压油管紧座处接头旋开。

2. 检查方法（以"冒油法"为例检查供油正时）

① 按曲轴正车转向转动飞轮，使第一缸处于压缩冲程上止点附近（略微转动飞轮，第一缸进、排气阀均不动作）。

② 反转飞轮约 40°左右，用工具撬动第一缸油泵柱塞，观察出油阀紧座口中出油是否带有气泡，当不再冒气泡时即可停止撬动，用干净布头吸去多余柴油；也可用嘴吹去，使油面保持在出油阀紧座孔倒锥下部。

③ 沿曲轴正车转向缓慢而均匀地转动飞轮，同时密切注意出油阀紧座孔中的油面状况。当油面刚一发生波动的瞬间（用光照观察油面）立即停止转动，此时表示第一缸开始供油。其上止点指针所指飞轮刻度，即为供油提前角。如图 1-18 所示。

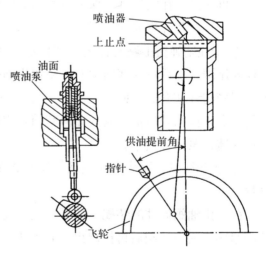

图 1-18　供油提前角检验示意图

3. 调整方法

（1）转动凸轮法　对于整体式凸轮轴（小型柴油机）调节整机的供油正时，可松脱油泵凸轮轴连接法兰盘，按调整要求转好调节角度后再重新连接；此做法的规律是：凸轮轴相对曲轴超前时供油提前，反之则滞后。对于装配式凸轮轴（大中型柴油机）调节单缸的供油正时时，可直接转动燃油凸轮的安装相位。沿凸轮轴正车方向转动凸轮定时提前，反之则滞后。如图 1-19 所示。

（2）升（降）柱塞法　此法多用于中小型柴油机回油孔式喷油泵。柱塞的升（降）通过调节顶动柱塞的顶头高度来实现：松开锁紧螺母，当装在顶头上调节螺钉旋上，则柱塞上升，供油定时提前；反之则滞后。当调整螺栓每转一个棱面，即 1/6 转时，供油定时相应改变 2°～3°曲柄转角。

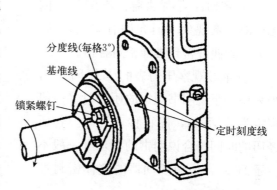

图 1-19　组合油泵凸轮轴连接法兰盘

（3）升（降）套筒法　此法多用于大中型柴油机回油孔式喷油泵。单体式喷油泵泵体与底座的安装处，有时垫有一定厚度的可供调节垫片。增加垫片则供油定时滞后，反之则提前。

项目十一　多孔式喷油器启阀压力检查、调整及雾化试验

（一）设备及工量具
喷油器试验器、多孔式喷油器、秒表和适宜的扳手。

（二）启阀压力检查、调整及雾化试验步骤

1. 多孔式喷油器总成密封性的检查

① 多孔式喷油器总成密封性的检查是利用喷油器试验装置来完成的，如图 1-20 所示。首先检查喷油器试验装置上的压力表是否准确，检查喷油器试验器本身的密封性：将试验泵泵至高压油管的接口闷死（如高压油管上有截止阀可关闭此阀）；手动泵油至比启阀压力稍高点，观察表压力，无压力骤降现象，说明试验器本身的密封性良好。

② 将待检喷油器接到喷油器试验器上，进油接头螺母暂不拧紧。

③ 手动泵油排除系统内空气，待流出油中无气泡时即刻拧紧接头螺母。

④ 手动泵油至说明书要求的压力（一般稍低于启阀压力）并保持泵油手柄不动，随即启动秒表计时。

⑤ 密切注意喷油嘴。若在 10 s 内无油液积聚现象（但允许有湿润），则认为针阀偶件密封锥面密封合格。

⑥ 继续观察压力表的压力下降值，当表压降至说明书规定的压力时（一般规定为 5 MPa），停止秒表计时。若所经历的时间符合说明书的要求（一般不少于 50 s），说明喷油器的整体密封性良好。

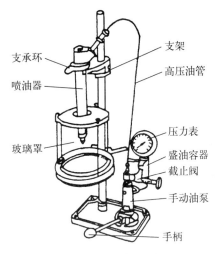

图 1-20　喷油器试验装置

2. 喷油器启阀压力的调整

① 检查喷油器试验器本身的密封性，安装喷油器并排除系统内的空气。

② 调节螺钉的位置，调节螺钉正确的位置是螺钉对调压弹簧稍有压缩。

③ 快速泵油 2 次以便冲刷掉沉积在喷嘴处的杂质。

④ 检查启阀压力，以每分钟 8～10 次的速度泵油，压力表指针转到某一刻度后反向回转的瞬间的指示压力即为启阀压力。

⑤ 调整启阀压力，用两个扳手，一个固定住调节螺钉，另一个拧在锁紧螺母上；调节螺钉顺时旋转启阀压力升高，反之降低；反复检查、调整直到符合要求，将锁紧螺母拧紧；然后再检查一遍启阀压力，如无误调整完毕。

3. 雾化试验

在启阀压力调整完毕的基础上，以 40～80 次/分的泵油速度喷射 2～3 次，注意观察雾束。

① 油雾颗粒细小均匀。肉眼观察雾束油雾中无单个的亮点及成细状的亮线，各喷孔喷出的雾束长短一致，无偏吹现象。若雾束中心轴线上有亮点而外围部分有油雾漂浮现象，说明雾化不良。

② 喷射起始干脆利落，有清脆的"吱吱"声。

③ 连续 2～3 次有效喷射后，喷嘴处无油液积聚现象，但允许有湿润。否则说明针阀密封不良。

项目十二　四冲程机主轴承拆卸和装配（一道）

（一）设备及工量具

柴油机、扳手、扭力扳手、尖嘴钳、铜棒、盘瓦销钉和锁紧片等。

（二）拆卸与检查

1. 拆卸步骤

① 挂好禁示牌，拆下曲轴箱道门。

② 拆下主轴承盖的润滑油管（如有），将螺母锁紧片扳直（或拆下开口销或锁紧铁丝），并检查确定主轴盖装配记号。

③ 用扭力扳手（或液压拉伸工具）按对角分数次拧松螺母，拆下锁紧片（如有），并做好螺母与螺栓的装对记号。

④ 用铜棒敲击轴承盖两端筋部，边敲击边提起轴承盖。对于厚壁轴瓦，应仔细地将轴瓦垫片取出并做好标记。

⑤ 拆下上瓦。

⑥ 盘出下瓦。将盘瓦销钉的圆柱部分插入主轴颈油孔中，使销钉侧平面抵住下瓦口端面，向下瓦定位唇一侧盘车将下瓦盘出。

⑦ 取出盘瓦销钉，用胶带纸密封轴颈油孔，以免落入异物。

2. 主轴瓦的一般检查

船用中小型柴油机的主轴瓦大都采用薄壁轴瓦，一旦发现工作表面有严重烧痕、划伤、麻点或剥脱现象时，应换新。

（三）主轴承的安装

1. 主轴承间隙的测量

主轴承间隙的配合间隙对于柴油机安全可靠运转至关重要。为此安装主轴承时，其配合间隙必须符合柴油机说明书规定的范围。

（1）塞尺法　用符合柴油机说明书规定数值的塞尺厚度自轴承端面直接插入主轴颈与轴瓦之间进行测量（测量值加上 0.05 mm）。它适用于端面便于测量的轴承。如图 1-21a 所示。

（2）压铅法

① 选直径为（1.5～2.5）δ（δ 为轴承配合间隙）、长为 130°～150°轴颈弧长的软铅丝 2 条，沿曲轴轴线垂直方向合适位置放在轴颈上，并用牛油粘住，如图 1-21b 所示。

② 装好轴承上盖，按规定的预紧力上紧螺母后旋松。

③ 拆卸轴承上盖，取下软铅丝，用千分尺测量软铅丝的两端及中间位置的厚度，并做好记录。见表1-3。中间位置的厚度为轴承的径向间隙，两端厚度为轴承的两侧间隙，通常间隙差不超过 0.05 mm。

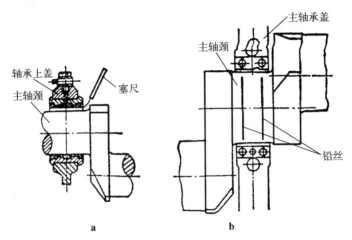

图 1-21　测量主轴承间隙

a. 塞尺法　b. 压铅法

表 1-3　主轴承间隙测量记录

位置 \ 铅丝 \ 轴承号	1		2		3		4		5		6	
	前	后	前	后	前	后	前	后	前	后	前	后
左												
中												
右												

2. 主轴承的安装

① 将轴承盖、轴承座、轴瓦、螺栓等清洗干净，并去掉密封轴颈油孔的胶带纸。

② 安装轴瓦。在轴瓦工作面涂上清洁机油，将下瓦按盘出时的反方向盘入主轴承座中。下瓦入座后应检查瓦口两边端面位置，薄壁轴瓦应稍高于座孔平面。

③ 安装主轴承盖。将上瓦装入主轴承盖，装主轴承盖时应在和轴承座配合的定位凸肩平面上涂上润滑油，这样，轴承盖和轴承座不容易"咬"起来。

④ 用扭力扳手（或液压拉伸工具）按规定扭矩对角分数次拧紧螺母，安装结束后应将螺母锁紧片锁紧（或装上开口销）防止螺母松动。

项目十三 拐挡差的测量与轴线状态分析

（一）设备及工量具

大中型柴油机、拐挡表和行灯等。

（二）测量

当曲柄的两主轴承高于相邻主轴承时，该曲柄的主轴轴线弯曲呈拱腰形；当曲柄的两主轴承低于相邻主轴承时，该曲柄的主轴轴线弯曲呈下塌腰形；同样，将曲柄销分别转至左、右水平位置，两臂间距亦会发生变化，它们的位置关系如表 1-4 所示。

表 1-4 臂距值与主轴承相对位置的关系

图形	臂距差 $\Delta_\perp$	$\Delta_\perp$ 与轴线状态和轴承位置的关系
$L_{上}$ $L_{下}$	+	+ 低
$L_{上}$ $L_{下}$	−	− 高

① 确认拐挡表的测量精度和正负值，校验表的灵敏性和准确性：a. 测量精度标于表盘上。b. 用手指按下表的活动测头，此时表的转向（一般为顺时针）即为负值（相对零刻度而言），反之为正值。c. 用手指按下表的活动测头，表针应转动灵活自如，若将其放松后表针应能回到原来的位置，表示表的灵敏性和准确性良好。

② 选择合适的量杆接到固定侧头端，拧入合适接杆并装上锁紧螺母，但不拧紧。

③ 挂好禁示牌，拆下曲轴箱道门。将需测量拐挡差的曲柄盘至下止点，如图 1-22a 所示。如曲柄销上已装上活塞组件，应把曲柄盘至下止点后 15°

左右位置即曲柄销在 195°位置。在此位置上装上拐挡表，作为起始测量位置，如图 1-22b 所示。

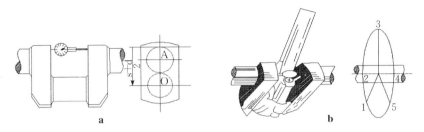

图 1-22 测量臂距差的部位

④ 寻找并仔细清洁两曲柄臂上的冲孔，冲孔位置应在距曲柄销轴线（S＋D）/2 处。去除油污和杂物，以免引起测量误差。

⑤ 将表的活动测头装上曲柄臂上的一个冲孔，固定测头对准曲柄臂上的另一个冲孔，通过拧出接杆螺纹来调整量杆长短，使拐挡表的小表上有 1～2 mm 的预紧力，然后将锁紧螺母锁紧。用手拨转拐挡表 2～3 转后观察表针有无摆动，若有摆动则多半是由于冲孔不洁或表杆不直所引起，应查明原因并消除。然后将拐挡表表盘大指针调至"0"位。

⑥ 沿曲轴正车转向缓慢盘车，分别测取曲柄销处于 270°、0°、90°、165°共四个位置的拐挡值，并记录。曲柄销在下止点前、后各 15°的位置，即 165°和 195°拐挡的平均数值来代替曲柄销在下止点（180°）位置的拐挡值。

⑦ 在测量未装连杆活塞组件的拐挡时，盘车至下止点装拐挡表，沿曲轴正车转向缓慢盘车，分别测取曲柄销处于下止点、左、上止点、右（即曲柄转到 180°、270°、0°、90°）四个位置时的拐挡值，并记录。

⑧ 取下拐挡表，进行下一缸测量，直到测量完全部气缸。

⑨ 测量完毕，清洁拐挡表并放回盒内；清洁曲轴箱，确认无误后关闭曲轴箱道门。

（三）拐挡差记录方法

先把各曲柄所测的拐挡值按曲柄销（或拐挡表）所在位置记录在图上。图 1-23 所示为已装连杆活塞组件的记录方法。

图 1-23 中 a、b 分别表示曲柄销（或拐挡表）所在位置，箭头表示曲轴转动方向。两种记录位置虽然相反，但结果是一样的。

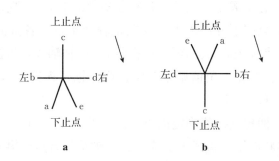

图1-23 拐挡差记录图

a. 按曲柄销所在位置记录读数 b. 按拐挡表所在位置记录读数

（四）轴线状态分析与调整

测量完毕，清洁拐挡表并放回盒内；清洁曲轴箱，确认无误后关闭曲轴箱道门。

按拐挡差公式，计算出拐挡差并记录。

上下拐挡差（$\Delta_{上下}$）为 $\Delta_{上下}=L_{上}-L_{下}$

左右拐挡差（$\Delta_{左右}$）为 $\Delta_{左右}=L_{左}-L_{右}$

根据计算出的拐挡差值，了解 $\Delta_{上下}$ 和 $\Delta_{左右}$ 的含义；$\Delta_{上下}$ 大于 0 则主轴承偏低，$\Delta_{上下}$ 小于 0 则主轴承偏高。$\Delta_{左右}$ 大于 0 则主轴承偏右，$\Delta_{左右}$ 小于 0 则主轴承偏左。

根据以上分析判断，提出初步调整方案：

（1）用简单作图法绘制曲轴轴线状态（图1-24）

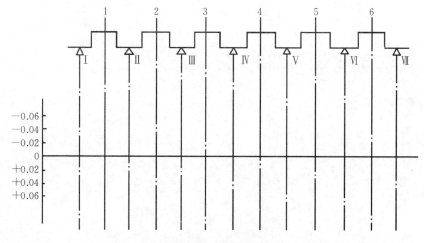

图1-24 曲轴轴线状态图（单位：mm）

① 按气缸中心距成比例地画出各缸曲柄都向上的曲轴示意图。

② 在曲轴示意图下方作横坐标与曲轴轴线平行，各缸曲柄和主轴承位置用对应点的横坐标来表示。作纵坐标垂直于曲轴轴线，根据拐挡差为正值则主轴承偏低，拐挡差为负值则主轴承偏高，把正拐挡差值取在横轴之下，负拐挡差值取在横轴之上。

③ 把各缸曲柄拐挡差值确定的点 1、2、3、4、5、6 连接起来，所得折线即为曲轴轴线状态图，折线上对应于各主轴承位置点的纵坐标，就表示各主轴承的相对高度。

(2) **拐挡差的分析与调整**　测出柴油机曲轴拐挡差后，要分析判断影响它的因素，它是柴油机和船舶在一定条件下作用的总和。影响拐挡差的因素主要有：①主轴承下瓦磨损不均匀。②机座变形和下沉。③船舶载重的影响。④运动部件和爆发压力的影响。⑤飞轮、轴系连接的影响。

根据柴油机曲轴拐挡差的经验公式：大修后 $\Delta < S/10\,000$，航行中 $\Delta < 2S/10\,000$。式中 S 为活塞行程，单位 mm。

第二章 动力装置操作

项目一 柴油机启动与停车操作

（一）场地设备

可运行船用柴油机。

（二）操作步骤

1. 柴油机启动步骤

（1）各系统的准备

润滑系统的检查与准备：①检查主机润滑油循环油柜的油质和油位，不足时应补充至规定油位。②开启润滑油循环油泵或手摇泵，向主机润滑系统供油。③各非压力润滑点的润滑油杯，应加注润滑油（脂）。

冷却系统的检查与准备：①检查主机膨胀水柜的水位，不足时应补充至规定水位。②检查主机淡水（循环）泵、海水泵阀门是否开启，启动主机淡水（循环）泵，调整好水压。

燃油系统的检查与准备：①检查主机燃油日用油柜的油位，放掉底部残水。②启动燃油分油机净化并加热燃油。③检查轻重油转换阀启闭状态，启动时应开启轻柴油阀，关闭重柴油阀。④启动低压燃油输送泵，驱除系统空气。

压缩空气系统的准备：①启动空压机，将空气瓶压力补足到规定压力上限（3 MPa），并注意放掉空气瓶底部残水。②开启空气瓶出口阀、主启动阀前的截止阀。

（2）盘车 ①打开柴油机各缸示功阀。②手动盘车2～3转，检查柴油机内、外是否有妨碍其运动的因素存在。

（3）冲车 ①将油门置于零位，利用启动装置使机器转动，将气缸中的杂物、残水或积油等从各缸示功阀处吹出；同时应观察主机、增压器的转动是否平稳，有无杂音。②关闭各缸示功阀。

（4）试车 ①通知驾驶台准备试车。②利用启动装置正车启动柴油机，注意观察机油压力表等仪表读数正常，低速运转数转后停车；然后换向，再进行倒车启动，低速运转数转后停车、换向。

（5）正常运行后的管理和检查　①运转中的热力检查。②运转中的机械检查。③各系统的管理与检查。

2. 停车操作步骤

① 将车钟放在"完车"位置，将主机操作手柄（或燃油操作杆）转到停车位置。

② 关闭压缩空气系统中及空气瓶出口阀，并将空气瓶补满。

③ 停止燃油输送泵，关闭进、出口阀及燃油日用柜出口阀。

④ 将主海水泵进、出口阀以及通往冷却器的进口阀关闭。

项目二　活塞式水冷空压机操作与管理

（一）场地设备

可运行空压机。

（二）操作步骤

1. 启动前的准备

① 检查空气瓶气压（规定值为 2.5～3 MPa），打开空气瓶进口阀门。

② 检查空压机曲轴箱的油位（连续两次）是否在油尺两刻线之间，检查滴油杯油位不低于 1/3 高。

③ 设有自动卸载装置的空压机，启动前应开启手动卸载阀或中间冷却器和汽液分离器泄放阀，以减轻空压机的启动负载。

④ 手动盘车数转检查空压机运动部件是否灵活，有无卡阻现象。

⑤ 开启冷却水系统管上的进、出口阀，并开启机身下部的放水阀，检查供水情况。

⑥ 检查开启空压机排出端的截止阀。

2. 启动操作

① 接通电源，手动点动启动空压机，检查空压机运转方向是否正确、运转有无卡阻。

② 确认正常后启动空压机，等电机转速正常时关闭卸载阀进行正常供气。

③ 观察压力表有无读数，以判断气路是否畅通，压力表有无损坏。

④ 仔细倾听空压机有无不正常响声。

3. 运行管理

① 调节滴油杯滴油速率，每分钟 4～6 滴为宜。

② 观察是否有异常振动、各部件运行声音是否正常及有无过热等现象，观察进气速率是否正常，定期放残水，检查冷却及润滑情况。

③ 注意观察各级气缸的排气温度。

④ 注意各种仪表读数，并随时予以调整。

⑤ 注意电动机或电器设备等是否出现异常。

4. 停机

① 停止空压机运转时应先开启手动卸载阀和汽液分离器泄放阀以减少空压机的振动和冲击并排污。

② 切断电源，停机。

③ 关闭冷却水截止阀和滴油杯的油量控制阀。

项目三　电动液压舵机的启动、停车及管理

（一）场地设备

可运行电动液压舵机。

（二）操作步骤

1. 电动液压舵机启动步骤

液压舵机可分为泵控型和阀控型两种。如图 2-1 所示阀控型液压舵机操作按下列程序进行。

（1）启动前的准备工作、启动

① 检查油箱油位，保持在 2/3 左右。

② 检查各联轴节的连接紧固件是否松动，向各摩擦部位注油。

③ 检查各阀件及管接头是否有漏泄。

④ 操舵仪上的机组选择开关、操舵方式选择开关以及转换箱上的操舵地点选择开关放正确位置。

⑤ 检查各阀门是否在所要求的位置上。

⑥ 检查电源电压，推上电闸、合上电源开关。

⑦ 将机组选择开关扳至待用泵，启动舵机油泵。

（2）电动液压舵机试舵

① 启动舵机后，在舵机舱用机旁手动操舵方式进行试舵试验，检查油

箱油位、油压、舵机动作是否平稳无噪声撞击，确认正常后，将操舵地点选择开关扳至驾驶台位置。

② 将驾驶台操舵仪上的机组选择开关扳至待用泵位置，启动油泵，再将操舵仪上的操作方式选择开关扳至随动操作位置。

③ 用随动操纵先后向一舷及另一舷进行 5°、15°、25°、35° 的操舵试验。检查仪表读数是否准确，电气舵角指示器的指示舵角与实际机械指示舵角的偏差应不大于±1°，而且正舵时必须无偏差，否则需调节。

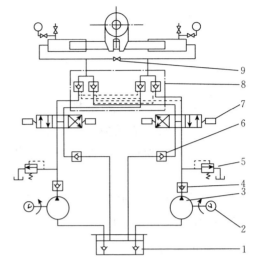

图 2-1 阀控型液压舵机原理图

1. 油箱　2. 电动机　3. 油泵　4. 单向阀　5. 溢流阀
6. 背压阀　7. 三位四通电磁换向阀　8. 截止阀

④ 测试转舵时间。操舵装置应具有足够的强度并能在船舶处于最深航海吃水并以最大营运前进航速时进行操舵，使舵角自任一舷 35°转至另一舷 35°，并且于相同条件下自一舷 35°转至另一舷 30°所需的时间不超过 28 s。

⑤ 电气和机械式的舵角限位必须可靠，实际的限位舵角与规定值（满舵舵角＋1.5°）之差不得超过±30′。

⑥ 对备用机构进行操作试验。

2. 电动液压舵机运行管理

（1）电动液压舵机的日常管理

① 油位：工作油箱中油位应经常保持在油位计显示范围的 2/3 左右。

② 油温：工作时最合适的油温是 30～50 ℃。油温高于 50 ℃时应使用油冷却器。如油温低于 10 ℃但尚不低于－10 ℃，而又急需启动，可让油泵在油路旁通的情况下，空载运转一段时间或实行小舵角操舵，直至油温升至 10 ℃以上再正常使用。

③ 油压：在主油路中，主泵排出油压应不高于说明书标定的最大工作油压，辅油路中各处油压应符合设计要求。

④ 滤器：运行中应经常注意滤器的前后压差，及时清洗或更换滤芯

（依其种类确定）。初次使用的舵机更应注意清洗滤器。若在清洗滤器时发现金属屑，必须严密注意其属性及增长情况，如金属屑数量继续增加，则表明系统内部有部件损坏。

⑤ 润滑：应保持油缸柱塞等滑动表面清洁，并加适量工作油。舵机长期停用应涂布润滑脂。

⑥ 泄漏：舵杆的舵承填料不应渗水，油箱、油缸、阀件、油管及接头等处不应漏油。柱塞和活塞杆表面应敷有一层薄油，但不滴油，若调紧压盖无效，则应在合适的时候换新 V 形密封圈。

⑦ 噪声：如有异常声响，应立即查明原因，设法处理。

⑧ 机械过热：泵和电机等不应有过热现象。轴承部位的温度一般比油温高 $10\sim20\ ℃$ 为正常。

⑨ 联轴节：启动时可先盘动泵的联轴节，以确认泵无卡阻。工作泵联轴节下如发现橡胶皮碎末，则表明对中不良，导致橡皮圈破碎，必须停泵校正，并换新橡皮圈。备用泵在舵机使用期间联轴节不应反转。

⑩ 阀和固定螺帽：使用中应检查放气阀、旁通阀和截止阀以及各固定、连接螺帽，防止因振动而离开正确位置或松动。

（2）舵机系统补油与排气操作

① 观察油箱油位表，油位应保持在 2/3 的位置，如果少于 2/3 则应补油。补油时应注意用相同牌号的舵机油，加油口要装过滤器，防止杂质进入。

② 如果泵启动后小舵角操舵，系统有异常噪声和振动，表明系统中存在大量的空气，需进行排气。反复小舵角操舵（左右 15°），打开压力侧（柱塞伸出端）油缸上放气阀放气，直到柱塞无爬行而均匀运动为止。

③ 排气过程中要注意油箱中的油位，必要时补加工作油。

④ 排气前不允许长时间地运转油泵。

3. 电动液压舵机的停机

① 先停泵，然后将机组选择开关、操舵方式选择开关置于"0"位，再将操作部位转换开关置于舵机舱。

② 切断电源，清洁舵机的各个部位，摩擦面上涂上新油，加牛油，清洁油杯中的油芯。

③ 检查螺母的紧固情况。

④ 检查电气绝缘情况及接触器的触头情况。

⑤ 清洗滤器，定期化验油质或换用新油。

项目四　分油机的启动与停车步骤
（DZY 系列分油机）

（一）场地设备

可运行分油机。

（二）操作步骤

1. 分油机的启动步骤

（1）启动前的准备

① 检查各部件的灵活性，严防卡死。

② 检查制动器是否已脱开，检查电动机轴转动是否灵活。

③ 检查齿轮箱油位、油柜油位等。

④ 检查高置水箱的水位是否充足，油、水、控制空气等阀门的启闭是否正常；检查操作控制阀是否处于"空位"。

⑤ 第一次启动或在电气设备检修后，应检查电动机转向，绝不可反转。

（2）启动操作

对全自动排渣型分油机，其启动、分离排渣、停车等过程全部由自动控制系统自动控制操作。分油机的启停可根据日用油柜高低液位信号自动控制或手动启停。

对半自动排渣型分油机（如图 2-2 的 DZY-30 型），启动运行操作按下列程序进行。

① 按启动按钮，观察电流表及转速指示器，当电机的转速达到正常值时，电流表读数由启动时大电流减为正常工作电流，然后按分油程序逐步操作。

② 清楚操作控制阀程序：空位→密封→补偿。将工作水控制阀转到"密封"位置，当指示管有水流出时（即表示分离筒也密封），立即把控制阀转到"补偿"位置（若不及时变位，分离筒的密封就会被破坏）。在排渣口观察孔处观察，排渣口水流逐渐减少直至无水流出，即表明密封良好。

③ 当分离筒按分水装置工作时，打开引水阀将水封水引入分离筒内形成水封，引入水封水至出水口出水后关闭。

④ 先开分油机出油阀，再缓慢开启进油阀，将油引进分油机内直至所要求的分离量，这时开始正常分离工作。开始时应缓慢进油，其目的是避免流量过大冲破水封引起出水口"跑油"或造成溢流现象。一旦出现上述现象应立即停止进油，重新建立水封。当分油机作为分渣装置使用时，因不需要

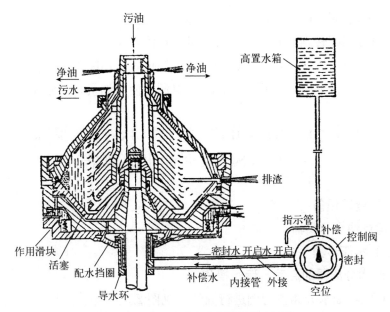

图 2-2　DZY-30 型分油机排渣控制系统

建立水封，所以不用引水。当分离筒密封建立后即可打开进油阀开始分油作业，进油速度应快些，因为不存在燃油冲破水封区的问题，而且能使燃料中杂质不沉积在分离筒底的转轴附近。

⑤ 合理调节沉淀柜中的加热温度（根据油种而定）。

⑥ 合理调节分离量，分离柴油时为额定分离量的 1/2，分离滑油时为额定分离量的 1/3 或 1/2。

⑦ 定期排渣一次（一般不超过 4 h，根据油类品种而定）。

2. 分油机的运行管理

① 检查分油机是否有异常振动和噪声。

② 注意分油机齿轮箱油位。

③ 检查随机油泵是否有发热现象。

④ 检查有关油、水箱柜的液位。

⑤ 保持适宜的加热温度，保持最佳分油量。

⑥ 检查排渣口和出水口是否有跑油现象。

3. 分油机的停运

① 需要停止分油机时，不能直接按停机按钮，必须按步骤停止分油机。

② 首先停止进油，若分离重油，则停止进油前应换轻油冲洗管路，或把有关管路吸净。

③ 开引水阀，回收分离筒中的燃油。

④ 将控制阀转到"开启"位置，进行排渣操作。

⑤ 排渣结束后，将控制阀转到"空位"位置，切断工作水。

⑥ 最后，按下电动机停止按钮切断电源，使分油机自然停止转动。

项目五　油水分离器的启动、停车步骤（CYSC 系列油水分离器）

（一）场地设备

可运行油水分离器。

（二）操作步骤

1. 油水分离器的启动、运行操作

以 CYSC 油水分离器为例进行介绍，见图 2-3。

图 2-3　CYSC 油水分离器

1. 一级排水阀　2. 处理水排放阀　3. 污水泵　4. 取水考克　5. 油分浓度监测装置　6. 电加热

7、8. 排油电极棒　9. 电气控制箱　10. 放气旋塞　11. 分离筒压力表　12. 液位控制器

13. 一级排油电磁阀　14. 安全阀　15. 一级分离筒泄放阀　16. 二级排油电磁阀　17. 排出水压力表

18. 一级排出水管　19. 电机　20. 污水泵吸入管　21. 清水注入阀门　22. 污水泵排出管　23. 分离筒

（1）启动操作

① 征求驾驶台，是否可以排放污水，并记录排放开始时间、地点及污

水存量。

②　检查各仪表、仪器是否完好。

③　关闭油水分离器上的各个泄放阀。

④　打开油水分离器上的放气旋塞，打开处理水排放阀。

⑤　打开清水注入阀门，将清水注入油水分离器，当油水分离器上的放气旋塞没有气体排出时说明油水分离器已注满清水，关闭清水注入阀门。

⑥　打开污水泵污水吸入阀。接通电气控制箱电源，电源指示灯亮，开启 15 ppm 油分浓度监测装置；将电气控制箱面板上的排油开关切换到"自动"位置。

⑦　在电气控制箱面板上按下泵启动钮，泵即开始运转，工作指示灯亮，泵开始吸油污水舱中的污水。此时分离器排出压力应保持在 0.05～0.1 MPa。油水分离器即投入正常工作。

⑧　15 ppm 油分浓度监测装置投入运行，自动进行连续检测和控制。

（2）油水分离器的运行管理

①　检查各仪表的读数是否正常。泵出口压力不准超负荷，安全阀整定值 0.26 MPa，排出管压力值应在 0.05～0.1 MPa。当泵出口压力值超过规定值，应检查管路是否堵塞；否则应清洗或更换分离器滤芯，清洗分离器。

②　当环境温度较低时（寒冷季节），污油黏度较大，应该将控制箱上加热开关拧至自动位置，设定加热温度（最高不超过 60 ℃）。

③　经常开启排水管上取水考克，检查排水情况，取样时，开启取样考克，让其放气 1 min 左右，然后用取样瓶取样。取样瓶应该用碱液或肥皂水反复清洗干净，保证无油迹。

④　经常检查各管系情况，不得有泄漏。

⑤　油水分离器投入正常运行时，油分浓度监测装置电源开关接通，自动进行连续检测和控制。

2. 停机操作

①　当油污水处理完毕时，将泵吸入口管路上的三通阀切换到清水（或海水）管系上，连续运行 15 min，以冲洗分离装置。

②　将电气控制箱面板上的排油开关切换到"手动"位置，将分离筒内污油排至污油柜。

③　冲洗完毕后，按下泵的停止按钮，停止运转。

④　停止运行后通知驾驶台，并记录排放结束时间、地点及污水柜存量。

⑤ 若短期停用满水保养，长期停用需将油水分离器放空。

项目六　海水淡化装置的操作和运行管理

（一）场地设备

船用真空蒸馏式海水淡化系统。

（二）操作步骤

船用真空海水淡化装置原理见图2-4。

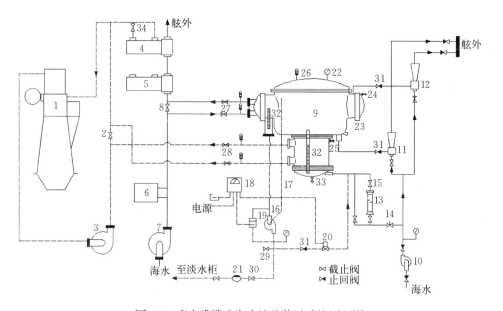

图 2-4　真空沸腾式海水淡化装置系统原理图

　1. 主柴油机　2. 加热水调节阀　3. 主机缸套水泵　4. 主机缸套水冷却器　5. 主机滑油冷却器

　6. 主机空气冷却器　7. 主机海水泵　8. 海水调节阀　9. 蒸发冷凝器组　10. 海水泵　11. 排盐泵

　12. 真空泵　13. 给水流量计　14. 稳压阀　15. 给水调节阀　16. 凝水泵　17. 凝水泵平衡管

18. 盐度计　19. 盐度传感器　20. 回流电磁阀　21. 淡水流量计　22. 真空压力表　23. 真空破坏阀

24、25. 放气旋塞　26. 蒸发温度计　27. 冷却水进、出口阀　28. 加热淡水进、出口阀　29. 取样阀

　　　　　30. 淡水排出阀　31. 止回阀　32. 水位计　33. 泄水阀　34. 旁通阀

1. 海水淡化装置的启动

（1）启动前的准备工作

① 检查装置所属的机电设备、附件和仪表是否完好。

② 检查各连接件接头处的紧密性。

③ 检查所有阀门是否完好，真空破坏阀23、底部泄水阀33、凝水泵出

口阀 30、给水调节阀 15 和给水流量计旁通阀是否关闭。

④ 开启冷凝器冷却海水进、出口阀 27，将海水引入冷凝器。

⑤ 检查外接电源是否畅通。

(2) 抽空和给水

① 开启海水泵 10 的吸入阀、喷射泵的舷外排出阀等。

② 启动海水泵 10，将工作海水供入喷射泵，为保证喷射泵正常工作，工作水压力应不低于 0.35～0.4 MPa。

③ 打开抽气管路和浓盐水管路上的止回阀 31，装置开始抽真空，装置内真空度达到 −0.09 MPa 左右约需 10 min 保持不下降，否则，装置漏气。

④ 当装置内真空度达到 −0.093 MPa 时，缓慢打开给水阀，通过观察孔观察，调节阀 15 的开度，以保持适当的给水量。

(3) 供入热水开始工作

① 开启蒸发器加热淡水进出口阀 28，将主机缸套冷却水引入蒸发器。此时，主机的冷却水在蒸发器中循环，在主机缸套水冷却系统中增加了一个"冷却器"，水温会降低；如冷却水系统未设自动调温阀，应适当开大缸套冷却器 4 旁通阀 34，以保持主机缸套冷却水适宜的温度。

② 当主机的冷却水在蒸发器中循环后，海水在低压下被加热即开始汽化，这时应注意通过阀 2 调节加热水的流量，以保持适当的蒸发器负荷，防止因海水沸腾过于剧烈导致淡水含盐量过高。

③ 开始产汽后，其中的真空度可能下降，这时应关小冷却海水旁通阀，增加冷凝器冷却水流量，保持合适的真空度。

④ 当凝水水位达到冷凝器水位计半高时，启动凝水泵 16，打开出口阀 30，向淡水舱供水，确保凝水泵出口有一定的正压力，观察淡水流量计，接通盐度计电源，打开盐度计。

2. 运行管理

(1) 严格控制给水量　调节给水调节阀 15，控制给水量。给水量应控制在造水量的 3～4 倍，而蒸发器中水位以指示在水位计半高处为宜。

(2) 控制凝水水位　冷凝器凝水水位一般维持在水位计的 1/3～1/2 高度。

(3) 控制造水量　装置造水量主要靠进入造水机的加热水的流量来控制，通常，加热水流经蒸发器的温降为 6～9 ℃。

(4) 控制真空度　船用真空蒸馏式造水机的蒸发温度控制在 35～45 ℃

范围内，相当于真空度为 90%～94%。装置的真空度通过调节冷凝器冷却水的流量来控制，一般冷却水流量控制在冷却水温升 5～6 ℃。

3. 停用

当船舶驶近港口时（离岸 20 n mile 以上），应停止海水淡化装置。港口附近这些地方海水受污染，使所产淡水不合卫生要求。装置停用步骤如下：

① 停止加热。为此，应先开大加热水调节阀 2，然后关闭蒸发器的热水进出口阀 28。关闭给水阀、抽气管路和抽浓盐水管路上的单向阀。

② 关闭凝水排出阀 30，停止凝水泵的工作。

③ 停止冷凝器的海水供应，关闭海水管路上的阀门，停止海水泵 10。

④ 打开真空破坏阀 23。

蒸馏器停止后，注意防止加热水和海水漏入，以免引起结垢、锈蚀、引起堵塞。

项目七　制冷装置启动与停车操作

（一）场地设备

渔船制冷系统。

（二）操作步骤

1. 制冷装置的启动

（1）启动前的准备工作

① 检查压缩机曲轴箱油位在刻度线之间，油位镜 1/2 左右。

② 检查贮液器中冷剂液位（在全部回收状态下应为 3/4 左右，不超过 80%）。

③ 正确开启制冷冷却海水泵的阀门，启动冷却海水泵，确认循环良好。

④ 开启贮液器出口阀，压缩机的排出截止阀，关闭吸入截止阀，手动盘动压缩机，确认运行无障碍。

⑤ 检查油压表，高低压表各接头是否正常。

（2）启动操作

① 合上电源，将能量调节手柄置于"空载"挡，启动压缩机。

② 压缩机建立正常油压，观察油压表正常。

③ 缓慢开启压缩机吸入截止阀，转动能量调节手柄逐渐加载，观察压

缩机一级吸入压力表，直至开足，防止液击。

2. 运行管理

① 检查压缩机是否有异常的振动与噪声。

② 观察润滑油压力、吸入压力、排出压力是否正常。

③ 观察制冷效果是否正常。

④ 观察蒸发器后端（压缩机吸入管）应结薄霜，如是高温库应有结露现象。

⑤ 正常运行时，检查贮液器中冷剂液位是否在 1/2～1/3 之间。

3. 停用操作

① 先关闭贮液器出口阀，等压缩机运行至低压停车（必要时短接低压继电器），以回收系统冷剂。

② 关闭压缩机吸排截止阀。

③ 最后停冷却海水泵，切断电源。

项目八　制冷剂的充注

（一）场地设备

渔船制冷系统。

（二）操作步骤

制冷剂的充注（以通过制冷装置贮液器出口和干燥过滤器之间的专用充剂阀进行充注为例）如图 2-5 所示。

1. 制冷剂充注前的检查和准备

① 通过观察贮液器液位镜液位下降，蒸发压力、冷凝压力下降，系统制冷量下降等现象检查确认制冷装置的冷剂量减少。

② 确定要充注制冷剂的牌号。

③ 关闭贮液器的出口阀。

④ 找到装置加冷剂的专用充剂阀端口。

2. 充注操作

① 明确钢瓶放置角度，瓶头向下，倾斜放置，可放置于磅秤上。

② 先将接管一端与钢瓶出口阀接紧，另一端接到充剂阀上不拧紧，稍开钢瓶出口阀，用瓶中的制冷剂驱除接管中的空气，再将接管的另一端紧接到充剂阀上。

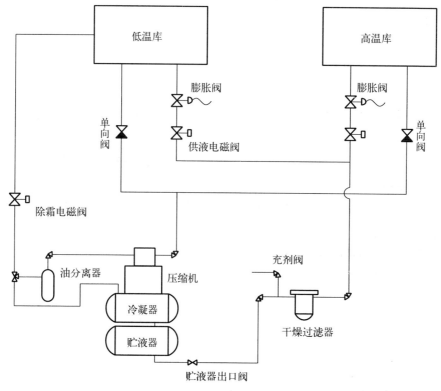

图 2-5 补充制冷剂

③ 压缩机处于运行状态，观察冷凝压力表。

④ 打开充剂阀，打开钢瓶出口阀，开始充注制冷剂，冷剂由充剂阀经过滤-干燥器、热力膨胀阀、蒸发器向系统中充入冷剂，并经冷凝器冷却后储存在贮液器中。

⑤ 正确判断加冷剂的数量，通过液位镜液位上升、冷凝压力上升来判断。

3. 充剂完毕的操作

① 关闭钢瓶出口阀。

② 待压缩机抽到自动停止。

③ 关闭充剂阀，打开贮液器出口阀，旋出加剂管。

④ 做效用试验，收拾好工具和钢瓶。

项目九　热力膨胀阀的调试

（一）场地设备

渔船制冷系统。

（二）操作步骤

1. 热力膨胀阀调试前的检查和准备

① 检查系统中冷剂是否充足，不足则先补充冷剂。

② 检查冷凝压力是否太低，太低则关小冷却水进口阀。

③ 检查膨胀阀前后管路有否堵塞或冰塞，有则设法消除。

④ 检查膨胀阀及其毛细管、感温包、平衡管的状况是否正常，不正常则应纠正。

⑤ 检查蒸发器结霜是否过厚，过厚则设法消除。

2. 热力膨胀阀的调整

热力膨胀阀必须在制冷装置工况稳定运行状态下进行调整。

（1）依据仪表进行调整　可以将压缩机的吸气压力作为蒸发器内的饱和压力，查表得到近似蒸发温度。可用测温计测出回气管的温度，与蒸发温度对比来校核过热度，过热度一般 3～6 ℃为宜。需要调节热力膨胀阀时，每次调整以增减 0.5 ℃以下为宜。调节螺杆每转一圈一般过热度变化 1～1.5 ℃。由于调节的滞后性较大，调节效果在小型装置中需经十几分钟、在大型装置中需经 30～40 min 才能表现出来，故每次调节后需等待一段时间，待其运行基本稳定后再判断是否需要再调，因此整个调整过程必须耐心细致，调节螺杆转动的圈数一次不宜过多过快。

（2）根据经验进行调整　通过调整热力膨胀阀上的调节螺杆，使压缩机吸气管刚好均匀结霜或有冰冷沾手的感觉粗略估计过热度。

项目十　制冷装置放不凝性气体的操作

（一）场地设备

渔船制冷系统。

（二）操作步骤

1. 理解不凝性气体进入系统的危害

① 空气的存在会影响传热。

② 会使排气压力、排气温度升高，增加压缩功耗。

③ 降低装置制冷量，使润滑油容易变质，严重时系统无法工作。

④ 空气中的水分遇低温会引起"冰塞"，因此必须设法排除。

2. 排除步骤

① 关闭储液器出口阀。

② 启动压缩机把系统中的制冷剂连同不凝性气体一起压入冷凝器中，然后停压缩机。

③ 继续向冷凝器供循环冷凝水，以使制冷剂充分凝结，直至冷凝器压力不再下降为止。

④ 打开冷凝器顶部放空气阀，让气体流出几秒钟即关，停片刻再重开一次。用手感觉放出的气体稍有凉意时即关闭放气阀，停片刻后再重开，反复多次，直至空气放净。并注意排出压力表接近冷却水温所对应的制冷剂饱和压力时，停止放空气。

3. 投入运转检查实际效果。

项目十一　制冷装置更换干燥过滤器

（一）场地设备

渔船制冷系统。

（二）操作步骤

1. 熟悉干燥剂的成分

常用氟利昂制冷装置的干燥剂为硅胶，其主要成分为二氧化硅，为了判断其含水量，常掺入染色剂。（因干燥剂的种类不同，颜色也不一样，有的未吸收水分时为白色，吸收水分后变蓝色；有的未吸收水分时是蓝色，吸收水分后变成粉红色。）

2. 更换干燥剂操作

① 关闭储液器出口阀。

② 启动压缩机抽取系统冷剂，等吸入压力表降为零或稍高于零时，关闭干燥器进出口阀门，打开干燥器旁通阀，打开储液器出口阀，使制冷装置

能继续运行。

③ 小心拆下干燥器端盖，做好记号，取出干燥剂和滤网。例如，干燥剂由浅蓝色变为红色或褐色则失效，应更换新干燥剂，将换下来的干燥剂置于 160 ℃左右的高温缓慢烘干备用。

④ 将干燥器和滤网用煤油清洗后晾干。更换新的干燥剂，加装时注意滤网质量；以防粉尘吸入系统，按原记号安装好干燥器端盖，检查垫床质量，以防运行时冷剂泄漏。

⑤ 接好干燥器后关闭干燥器旁通阀，松开干燥器出口供液阀前的管子或法兰接头，微开干燥器进口阀，直至出口供液阀前接头有结霜现象，再旋紧管子或法兰接头，以驱除干燥器中不凝性气体。

⑥ 开足干燥器进出口阀门，系统恢复工作，投入运转检查实际效果。

第三章　渔船电工技术

项目一　万用表的使用

(一)场地设备

指针式或数字式万用表；被测电源、电阻等。

(二)操作步骤

1. 万用表的检查

(1) **万用表分类**　万用表分为指针式(图 3-1)和数字式(图 3-2)两类。

图 3-1　指针式万用表

(2) **万用表机械调零**检查万用表两根表笔(图 3-1)，表体上有 2～4 个孔，黑笔接到"COM"孔里，红笔按需要接入其他孔，一般情况下红笔接入"VΩ"孔中。在使用万用表之前，应先进行机械调零，即在没有被测电量时，使万用表指针指在零电压或零电流的位置上，如图 3-3 所示。

(3) **万用表主要挡位**

① 直流电压挡(DCV. V-)：测量直流电压。测量方法：并联负载两端，红笔接高电位(正极)，黑笔接低电位(负极)。

图 3-2　数字式万用表

图 3-3　万用表机械调零

② 交流电压挡（ACV. V～）：测量交流电压。测量方法：并联负载两端。

③ 电阻挡（Ω）：测量电阻阻值。测量电阻时注意选择量程的正确性。测量方法：并联负载两端。

④ 直流电流挡（DCA. A-）：测量直流电流。测量方法：切断线路，分别用两表串联接入 。

⑤ 量程挡位：供选择正确的电量挡位。

2. 用万用表测交、直流电压 、电阻

（1）测直流电压

① 使用前检查万用表的指针是否在零位，若不在零位应复零。

② 根据被测电源，确定"转换开关"在直流电压挡。

③ 根据初测电压值，初步估算应使用的电压量程挡，不确定时由大到小调节电压量程挡位；判断电压的极性，表面上的"＋"接被测量电路的正极，"－"接负极。

④ 读取万用表的电压值，如图3-4所示。

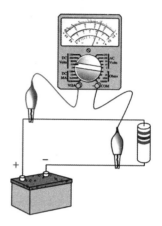

图3-4　万用表测直流电压

（2）测量交流电压

① 使用前检查万用表的指针是否在零位，若不在零位应复零。

② 根据被测电源，确定"转换开关"在交流电压挡。

③ 根据初测电压值，初步估算出应使用的电压量程挡，不确定时由大到小调节电压量程挡位；万用表两表笔和被测电源并联。

④ 读取万用表的电压值，如图3-5所示。

（3）测量电阻

① 进行欧姆调零，将表棒搭在一起短路，使指针向右偏转，随即调整"Ω"调零旋钮，使指针恰好指到 0（如图3-6所示）。

② 将两根表棒分别接触被测电阻（电路中应断电且断开电路接线）两端，读出指针在欧姆刻度线上的读数，再乘以该挡位的数字，就是所测电阻的阻值（图3-7）。

图3-5　万用表测量交流电压

③ 由于"Ω"刻度线左部读数较密，难于看准，所以测量时应选择适当的欧姆挡，使指针在刻度线的中部或右部，这样读数比较清楚准确。每次换挡，都应重新将两根表棒短接，重新调整指针到零位，才能测准。

图 3-6　欧姆调零

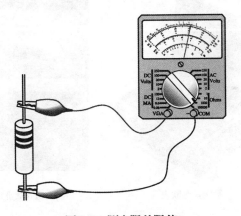

图 3-7　测电阻的阻值

项目二　便携式兆欧表的使用

（一）场地设备

500 V 的兆欧表；被测设备（三相异步电动机）等。

（二）操作步骤

1. 兆欧表的选择和检查

（1）兆欧表的选择　主要是根据不同的电气设备选择兆欧表的电压及其

测量范围。对于额定电压在 500 V 以下的电气设备，应选用电压等级为 500 V 的兆欧表；额定电压在 500 V 以上的电气设备，应选用 1 000～2 500 V 的兆欧表。中小型电动机一般选用 500 V、0～500 MΩ 的兆欧表。图 3-8 所示为模拟式兆欧表、数字式兆欧表、模拟/数字式兆欧表。

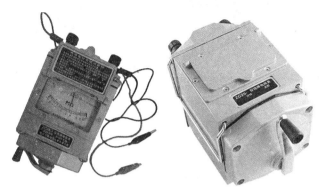

500 V、0～500 MΩ 模拟式兆欧表

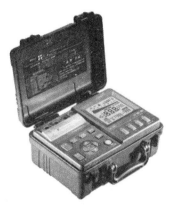

数字式兆欧表　　　　　　　模拟/数字式兆欧表

图 3-8　兆欧表实物举例

（2）测试前的准备　测量前切断被测设备的电源并短路接地放电 3～5 min，特别是电容量大的，更应充分放电以消除残余静电荷引起的误差，保证正确的测量结果以及人身和设备的安全。擦干净被测物（三相异步电动机）表面。绝缘物表面的污染、潮湿对绝缘的影响较大，而测量的目的是了解电气设备内部的绝缘性能，一般要求测量前用干净的布或棉纱擦净被测物，否则达不到检查目的。兆欧表的量程往往达几千兆欧，最小刻度在 1 MΩ 左右，因而不适合测量 100 kΩ 以下的电阻。

（3）兆欧表的检查　兆欧表在使用前应平稳放置在远离大电流导体和有

外磁场的地方，测量前对兆欧表本身进行检查。开路检查，两根线不要绞在一起，将发电机摇动到额定转速，指针应指在"∞"位置（图3-9）。短路检查，将表笔短接，缓慢转动发电机手柄，看指针是否到"0"位置（图3-10）。若达不到零位或无穷大位置，说明兆欧表有毛病，必须进行检修。

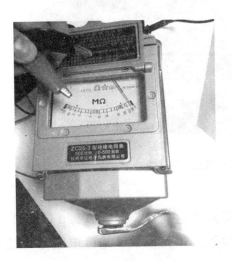

图3-9　兆欧表开路检查

图3-10　兆欧表短路检查

（4）接线　一般兆欧表上有三个接线柱，"L"表示"线"或"火线"接线柱（红色引线）；"E"表示"地"接线柱（黑色引线），"G"表示屏蔽接线柱（图3-11所示）。一般情况下"L"和"E"接线柱，用有足够绝缘强度的单相绝缘线将"L"和"E"分别接到被测物（三相异步电动机）导体部分（绕组）和被测物（三相异步电动机）的外壳（测绕组对地绝缘）或其他导体部分（绕组和绕组，测相间绝缘）（图3-12所示为测电动机绝缘的接线）。

图3-11　兆欧表外部接线示意图

在特殊情况下，如被测物表面受到污染不能擦干净、空气太潮湿或者有外电磁场干扰等，必须将"G"接线柱接到被测物的金属屏蔽保护环上，以消除表面漏流或干扰对测量结果的影响。

图 3-12　测电动机绝缘的接线

2. 兆欧表的测量和拆线

（1）**测量**　顺时针摇动兆欧表使转速达到额定转速（120 r/min）并保持稳定。一般采用 1 min 以后的读数。正确读数，绝缘电阻是否达到标准值。

电动机的绕组间、相与相、相与外壳的绝缘电阻应不低于 0.5 MΩ。

若测得这相电阻是零的话说明这相已短路。

若测得这相电阻是 0.1 或 0.2 MΩ 的话则说明这相绝缘电阻性能已降低。

电器设备的绝缘电阻越大越好。

结论：电动机或线路的绝缘电阻性能降低、短路，需要维修，不能使用。

（2）**拆线**　测量结束后，停止兆欧表的转动，拆线。

项目三　各常用船舶电器元件的认识

（一）场地设备

各种低压电器元件；电气控制箱；实际控制箱电路图等。

（二）操作步骤

1. 看懂实际控制箱电路图

图 3-13 为电动机正反转控制箱电路图实例。

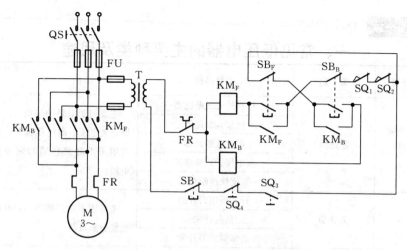

图 3-13　电动机正反转控制箱电路图

2. 在实际电气控制箱中找出电路图中 5 个元器件的实物并说出各元件的功用

图 3-14 为控制箱实例。

图 3-14　控制箱实例

（1）电源空气开关　主要用于电路的短路、漏电等保护，也可用于不频繁接通和断开的电路；

（2）接触器、启动按钮　失压保护；

（3）热继电器　过载保护；

（4）变压器　改变电压；

（5）熔断器　主要用于电路短路保护，也用于电路的过载保护。

一、常见低压电器的主要种类及用途

序号	类别	主要品种	用途
1	断路器	塑料外壳式断路器	主要用于电路的过负荷、短路、欠电压、漏电压保护，也可用于不频繁接通和断开的电路
		框架式断路器	
		限流式断路器	
		漏电保护式断路器	
		直流快速断路器	
2	刀开关	开关板用刀开关	主要用于电路的隔离，有时也能分断负荷
		负荷开关	
		熔断器式刀开关	
3	转换开关	组合开关	主要用于电源切换，也可用于负荷通断或电路的切换
		换向开关	
4	主令电器	按钮	主要用于发布命令或程序控制
		限位开关	
		微动开关	
		接近开关	
		万能转换开关	
5	接触器	交流接触器	主要用于远距离频繁控制负荷，切断带负荷电路
		直流接触器	
6	启动器	磁力启动器	主要用于电动机的启动
		星三角启动器	
		自耦减压启动器	
7	控制器	凸轮控制器	主要用于控制回路的切换
		平面控制器	
8	继电器	电流继电器	主要用于控制电路中，将被控量转换成控制电路所需电量或开关信号
		电压继电器	
		时间继电器	
		中间继电器	
		温度继电器	
		热继电器	
9	熔断器	有填料熔断器	主要用于电路短路保护，也用于电路的过载保护
		无填料熔断器	
		半封闭插入式熔断器	
		快速熔断器	
		自复熔断器	

（续）

序号	类 别	主要品种	用 途
10	电磁铁	制动电磁铁	主要用于起重、牵引、制动等
		起重电磁铁	
		牵引电磁铁	

二、外形图及电器符号

1. 接触器线圈，常开常闭主触点，常开常闭辅助触点

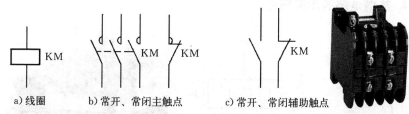

a) 线圈   b) 常开、常闭主触点   c) 常开、常闭辅助触点

2. 电磁式继电器的图形符号

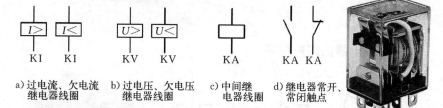

a) 过电流、欠电流   b) 过电压、欠电压   c) 中间继   d) 继电器常开、
继电器线圈   继电器线圈   电器线圈   常闭触点

3. 时间继电器的图形符号

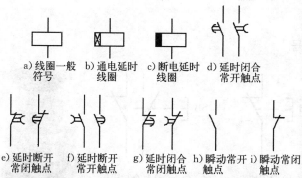

a) 线圈一般   b) 通电延时   c) 断电延时   d) 延时闭合
符号   线圈   线圈   常开触点

e) 延时断开   f) 延时断开   g) 延时闭合   h) 瞬动常开   i) 瞬动常闭
常闭触点   常开触点   常闭触点   触点   触点

延时接通			延时断开		
线圈	常开触点	常闭触点	线圈	常开触点	常闭触点

4. 热继电器的图形符号

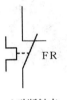 FR   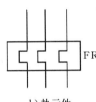 FR   

a) 动断触点   b) 热元件

5. 速度继电器的图形符号

    KS   KS 

a) 转子   b) 常开触点   c) 常闭触点

6. 按钮的图形符号

SB   SB   SB 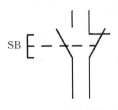   

a) 常开按钮   b) 常闭按钮   c) 复合按钮

7. 行程开关的图形符号

a) 常开触点　　　　b) 常闭触点　　　　　　c) 复合触点

8. 接近开关的图形符号

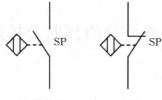 

a) 常开触点　　　b) 常闭触点

9. 刀开关的图形符号

   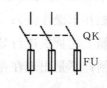 

a) 单极　　　　　b) 双极　　　　　c) 三极　　　　d) 三极刀熔开关

10. 低压断路器的图形符号

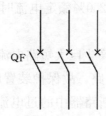 

11. 熔断器的图形符号

FU

项目四　发电机外部短路故障的判断及排除

（一）场地设备

可实际运行的柴油发电机组二台以上；船舶电站；或者船舶电站模拟器。

（二）操作步骤

1. 故障判断

① 分析排除发电机跳闸是否出现以下情况：不是出现在有关人员的操作失误上（如并车操作等）；不是发生在同时启动几台大负荷设备时；不是出现在利用船上起货机进行装卸货作业时；不是出现在先出现转速下降后发生主开关跳闸；不是出现在先发生电压下降后再跳闸（从照明灯的亮度可得到判别）。

排除以上 5 点后，一般可断定发生了发电机外部短路故障。

② 通常在发电机较远处短路时，短路电流相对较小，这时一般是负载开关（ACB）动作，而不是发电机主开关动作使船舶电网中断供电，故主开关需有一短延时（一般短路电流在 $200\%\sim250\%$ 额定电流时延时时间为 $0.6\ \mathrm{s}$）时间以避开负载开关的动作。

③ 当短路发生在发电机近端时，会产生巨大短路电流（5～10 倍额定电流），这时必须立即切断发电机的供电电路，故保护装置应瞬时动作。发电机组外部短路保护是由万能式自动空气断路器中的过电流脱扣器来实现的。发电机主空气开关瞬时跳闸，并且并车屏上显示汇流排短路报警，由此判断是发电机外部短路故障。

2. 故障排除

此时禁止重新合闸，对汇流排逐个排查，找到短路点，排除掉故障点之后重新合闸。

① 应首先排除短路故障，切除全部用电空气开关，然后合闸，再逐一合上空气开关，如果当合上某一个设备空气开关时出现跳闸，那么该设备就是外部短路点。切除该设备供电，恢复电网供电。

② 检查是否因为发电机外部绝缘值降低，如果绝缘值低进行加热处理，以提高发电机的绝缘值。

③ 检查发电机线圈之间的绝缘值是否降低，如果绝缘值低进行加热处理或是更换线圈，以提高线圈的绝缘值。

项目五　发电机过载故障的判断

（一）场地设备

可实际运行的柴油发电机组二台以上；船舶电站；或者船舶电站模拟器。

（二）操作步骤

1. 故障判断

船舶发电机组的过载保护一般是由自动分级卸载装置和万能式自动空气断路器中的过电流脱扣器来实现的。发电机过载故障一般发生在常规电站状态，因为自动电站状态下出现负载过大的情况时，电站会自动启动备用机组并车运行，不存在过载现象。

常规电站状态下，对于有自动分级卸载装置的发电机组，当过载达 150％额定电流时，保护装置延时 10～20 s 动作，将会分级卸载次要装置来保护发电机组，而不使发电机组跳闸；当过载达 125％～135％额定电流时，保护装置延时 10～30 s 动作，发电机主空气开关自动跳闸来保护发电机组。

对于有自动分级卸载装置的发电机组，可通过自动分级卸载装置动作来判断发电机组出现过载故障。对于无自动分级卸载装置的发电机组，可以通过并车屏出现重载报警判断是发电机过载故障。

2. 故障排除

对于有自动分级卸载装置的发电机组，启动备用机组。对于无自动分级卸载装置的发电机组，手动切除次要负载，然后启动备用机组，并电完成后再逐个恢复相关负载。

① 单机运行时发电机的容量不够，要及时并车。

② 并联机组功率分配不均，要及时调整油门，使两台发电机功率分配均匀。

③ 多台大功率的电机同时启动引起过载时，在操作时避免大功率电机同时启动。

④ 如果因过载保护导致电网失电，应及时将空气开关合上。

项目六　三相异步电动机不能启动故障的原因判断与处理

（一）场地设备

能正常启动三相异步电动机及磁力启动控制箱；万用表；电工工具。

（二）操作步骤

针对已经安装好的原正常运行的电动机，按以下三种情况操作。

1. 通电后电动机不能转动，但无异响也无异味和冒烟

① 电源未通（至少两相未通）　检查电源回路开关，熔丝、接线盒处是否有断点，修复。

② 熔丝熔断（至少两相熔断）　检查熔丝型号、熔断原因，更换熔丝。

③ 控制线路故障　分析控制线路图原理，检查排除控制线路故障。

④ 电机已经损坏　检查电机，修复。

2. 通电后电动机不转，然后熔丝烧断

① 缺一相电源　检查刀闸是否有一相未合好，或电源回路有一相断线。

② 定子绕组相间短路　查出短路点，予以修复。

③ 定子绕组接地　消除接地。

④ 熔丝截面过小　更换熔丝。

⑤ 电源线短路或接地　消除接地点。

3. 通电后电动机不转，有嗡嗡声

① 定子、转子绕组有断路（一相断线）或电源一相失电　查明断点，予以修复。

② 电源回路接点松动，接触电阻大　紧固松动的接线螺栓，用万用表判断各接头是否假接，予以修复。

③ 电动机负载过大或转子卡住 减载或查出并消除机械故障。

④ 电源电压过低 是否由于电源导线过细等使压降过大，予以纠正。

⑤ 小型电动机装配太紧或轴承内油脂过硬，轴承卡住 重新装配使之灵活；更换合格油脂，修复轴承。

项目七 三相异步电动机轴承过热故障的原因判断与处理

（一）场地设备

能正常启动三相异步电动机及磁力启动控制箱；万用表；电工工具。

（二）操作步骤

分析三相异步电动机轴承过热故障的原因及排除故障：

① 润滑脂过多或过少。按规定加润滑油脂（容积的 1/3～2/3）。

② 油质不好含有杂质。更换为清洁的润滑油脂。

③ 轴承与轴颈或端盖配合不当。过松可用黏结剂修复。

④ 轴承盖内孔偏心，与轴相摩擦。修理轴承盖，消除摩擦点。

⑤ 电动机与负载间联轴器未校正或皮带过紧。重新装配。

⑥ 轴承间隙过大或过小。重新校正，调整皮带张力；更换新轴承。

⑦ 电动机轴弯曲。矫正电动机轴或更换转子。

项目八 三相异步电动机运行时振动过大故障的原因判断与处理

（一）场地设备

能正常启动三相异步电动机及磁力启动控制箱；万用表；电工工具。

（二）操作步骤

三相异步电动机运行时振动过大故障的原因分析与排除：

① 由于磨损，轴承间隙过大。检查轴承，必要时更换。

② 气隙不均匀。调整气隙，使之均匀。

③ 转子不平衡。校正转子动平衡。

④ 转轴弯曲。校直转轴。

⑤ 铁心变形或松动。校正重叠铁心。

⑥ 联轴器（皮带轮）中心未校正。重新校正，使之符合规定。

⑦ 风扇不平衡。检修风扇，校正平衡，纠正其几何形状。

⑧ 机壳或基础强度不够。进行加固。

⑨ 电动机地脚螺丝松动。紧固地脚螺栓。

⑩ 笼形转子开焊、断路或绕组转子断路。修复转子绕组。

⑪ 定子绕组故障。修复定子绕组。

项目九　电路串、并联

（一）场地设备

电源；用电器（灯泡）数只；开关若干；连接线等。

（二）操作步骤

1. 串联电路

把用电器各元件逐个顺次连接起来，接入电路就组成了串联电路（图3-15所示）。

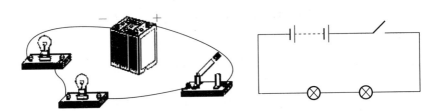

图 3-15　串联电路

串联电路有以下特点：

（1）**电路连接特点**　串联的整个电路是一个回路，各用电器依次相连，没有"分支点"。

（2）**用电器工作特点**　各用电器相互影响，电路中一个用电器不工作，其余的用电器就无法工作。

（3）**开关控制特点**　串联电路中的开关控制整个电路，开关位置改变，对电路的控制作用没有影响。即串联电路中开关的控制作用与其在电路中的位置无关。

2. 并联电路

把用电器各元件并列连接在电路的两点间，就组成了并联电路（图3-16

所示)。

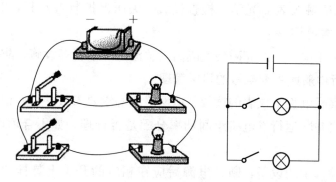

图 3-16　并联电路

并联电路有以下特点:

(1) **电路连接特点**　并联电路由干路和若干条支路组成,有"分支点"。每条支路各自和干路形成回路,有几条支路就有几个回路。

(2) **用电器工作特点**　并联电路中,一条支路中的用电器若不工作,其他支路的用电器仍能工作。

(3) **开关控制特点**　并联电路中,干路开关的作用与支路开关的作用不同。干路开关起着总开关的作用,控制整个电路。而支路开关只控制它所在的那条支路。

项目十　主配电板安全运行管理

(一) 场地设备

可实际运行的柴油发电机组二台以上;船舶电站;或者船舶电站模拟器。

(二) 操作步骤

1. 口述主配电板日常维护保养

① 保持主配电板的清洁,日常应检查测量仪表、开关、指示灯是否完好、是否正常。如有异常应及时修复或更换。重要参数应记录在电机日志或副机日志中。

② 测量仪表应 4 年校验一次。主开关每 4～5 年校验一次过载、短路、欠压整定值。

③ 每月检查一次主开关,检查各活动零件是否活动正常,紧固件是否松动,可调部分有无变形或移位等。发现不正常情况应及时采取相应措施。

④ 每半年检查一次合闸操作机构是否灵活、可靠，清洁灭弧罩栅片上的烟灰，保持触头表面光洁，检查过载、失压保护装置及其延时装置（机构）是否正常可靠。

⑤ 每半年检查一次充磁装置隔离（整流）二极管等设施，防止倒流。

2. 运行中船舶主配电板的日常管理

① 观察配电板上仪表的读数、电网绝缘等重要参数并做好记录。

② 观察并联运行发电机组间功率分配是否合理，如不合理可手动调节使之合理。

③ 对检修中的设备，断开电源后应在相应的开关上悬挂"禁止合闸"的警示牌。

④ 主配电板前、后、左、右保持畅通无阻，板前至少 1 m 内及其上方不准堆放或悬挂任何杂物。熟悉主配电板上的各类仪表、指示灯、开关、按钮，仪表读数正确。主要仪表包括电压表、电流表、频率表、功率表、功率因数表、兆欧表、同步表等。

3. 进行主开关合闸、分闸的自动和手动操作

4.（口述）短路、过载、欠压保护的整定值

(1) **短路保护的整定值**　小电流为 2～5 倍的额定电流，0.2～0.6 s。大电流为 5～10 倍的额定电流，瞬时动作。

(2) **过载保护的整定值**　无自动分级卸载时出现 1.25～1.35 倍额定电流后，延时 15～20 s 跳闸；有自动分级卸载时出现 1.5 倍额定电流后，延时 10～20 s 跳闸。

(3) **欠压保护的整定值**　电压为额定值的 70% ～ 80% 时，延时 1.5 ～ 3 s 动作；电压为额定值的 40% ～ 70% 时，瞬时动作。

项目十一　岸电连接

(一) 场地设备

可实际运行的柴油发电机组；船舶电站；或者船舶电站模拟器。

(二) 操作步骤

1. 口述

当船舶厂修、坞修和长期靠泊码头时，将岸电电力电缆接到岸电箱的岸电接线柱上，合上岸上配电开关，由岸上供电到船舶。

岸电箱一般都设有岸电电源指示灯、开关、熔断器、电接线柱、相序指示灯（或负序继电器）。岸电箱上的相序测定器是指示岸电与船电间的相序是否一致的设施，绿灯亮时表明相序一致，红灯亮时表明相序不一致，岸电箱上开关合上时即跳闸。

2. 接岸电的操作步骤

　　① 将岸电电力电缆接到岸电箱的岸电接线柱上，合上岸上配电开关。

　　② 到岸电箱上打开相序测定器旋钮，分别转至相序1或相序2，直到相序正确绿灯亮为止。

　　③ 按下岸电箱上的（合闸）按钮，合闸灯亮。

　　④ 将船舶电力负载依次切断，断开船舶发电机的主开关供电，将主配电板上岸电开关合上。

　　⑤ 停止运行发电机组。

3. 断开岸电的操作步骤

　　① 至主配电板上将岸电开关断开（此时，会出现全船失电的声光报警，必须消音、消闪）。

　　② 按发电机正常供电程序恢复主电网供电。

　　③ 到岸电箱上按下（分闸）按钮。

　　④ 断开岸上配电开关，拆除岸电电力电缆。

4. 注意事项（口述）

　　① 接岸电时，岸电与船电的电制（电流种类）一致、岸电的额定频率、额定电压应与船电相同。

　　② 当岸电为三相四线制时，须将岸电的中线接到岸电箱上接船体接线柱上，只有船体与岸电中性线相连后，才可接通岸电。

　　③ 合上岸电箱上的开关，只有当岸电与船电相序一致时，才可到主配电板前进行转接岸电操作。

　　④ 船舶接岸电时，严禁船舶发电机合闸供电，只有在切除岸电后船舶发电机才合闸供电；同样使用船电时，严禁岸电开关合闸供电。

项目十二　发电机手动并车与解列

（一）场地设备

可实际运行的柴油发电机组二台以上；船舶电站；或者船舶电站模拟器。

（二）操作步骤

1. 熟悉交流同步发电机并车必须满足下列条件

（1）相序一致　待并发电机必须与电网相序一致（检查相序可用相序表），出厂时各台发电机的相序都已检查、校对一致了，因此实际并车操作时，不必再检查相序。

（2）频率相等　待并发电机的频率应与电网频率相等。实际操作时，允许误差在 0.5Hz 以内。

（3）相位相等　待并发电机电压相位应与电网电压相位相同。实际并车操作时，允许待并发电机相位与电网相位相差 10°～15°以内。

（4）电压相等　待并发电机电压与电网电压相等。实际操作时，待并发电机电压与电网电压之差允许在 10% 以内。

2. 手动准同步并车方法

"灯光法"和"同步表法"。"灯光法"又分"灯光明暗法"和"灯光旋转法"，是根据指示灯亮、暗变化情况进行并车操作的方法。这里以"同步表法"为例。

① 将船舶电站的控制模式转换到手动控制模式，优先级选择开关关闭（针对自动化船舶电站）。

② 检查待并机是否具备启动条件：冷却水、滑油、燃油、启动气源或电源。然后启动待并机的原动机，使其加速到接近额定转速。观察待并机相关参数是否正常（电压、频率），待参数正常后，手动调节待并发电机励磁电流，使其端电压与电网电压相同或稍高一点。

③ 打开同步表选择待并机，检测电网和待并发电机的频差大小和方向，通过调速开关调整待并机组转速，使其频率略高于电网频率（要求频差在 0.5 Hz 之内）；观察同步表指示灯旋转方向（顺时针），旋转速度（3～5 s/圈）。如果频差太大（频率周期小于 2 s）时并车，合闸后转速快的机组剩余动能很大，两机所产生的整部力矩可能不足以将其拉入同步，结果将由于失步产生很大冲击而导致跳闸断电。

④ 待同步表指针（或指示灯）在 11 点位置时合闸供电，且待并机不产生逆功率。绝对禁止 180°反向合闸，不能在指针转到"同相点"反向 180°处合闸，这时冲击电流最大，不仅可能造成合闸失败，而且还会引起供电的机组跳闸，造成全船断电。

⑤ 转移负载，此时待并机虽已并入电网，但从主配电板上的功率表可

以看出，它尚未带负载。为此，还要同时向相反方向调整两机组的调速开关，使刚并入的发电机加速，原运行的发电机减速，在保持电网频率为额定值的条件下，使两台机组均衡负荷。

⑥ 断开同步表（同步表为短时工作制，工作时间不能超过 15 min），并车完毕。

3. 发电机的解列

① 待解列机负荷转移到并网机，负荷转移完毕（解列时功率应在 5%Pe<P≤10%Pe）。

② 将待解列机分闸解列，调整并网机的调速开关使频率正常，且不会造成逆功率。

③ 解列机按停车操作程序运行 10～15 min 停车。

④ 船舶电站控制模式由手动控制转换成自动控制。

项目十三　测定蓄电池电压和电解液比重，判断蓄电池的状态

(一) 场地设备

电压 24 V、容量 200 Ah 或 150 Ah 船用铅酸蓄电池组；万用表；比重计；玻璃温度计；绝缘手套等。

(二) 操作步骤

1. 万用表测量

用万用表测量蓄电池单个电池的电压，如果电压为 1.7～1.8 V 则蓄电池中电能已放完，如果电压为 2.6 V 则蓄电池充满电。

2. 利用比重计测量蓄电池电解液的比重

如图 3-17 所示。打开注液塞将比重计插入，吸取少量的电解液，使比重计中的浮标浮起，确信浮标顶端不要碰到橡皮球和管的外壁。将比重计竖直放置，眼睛水平注视液面凹处，浮标上的刻度即为比重的数值。电解液的比重与温度有关，应测量电解液的温度。常温下如果

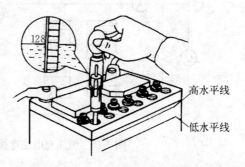

图 3-17　比重计测量蓄电池电解液的比重

密度为 $1.275\sim1.31\ \mathrm{g/cm^3}$ 则电池充满电，如果密度为 $1.13\sim1.18\ \mathrm{g/cm^3}$ 则电池电能已放完。

项目十四　蓄电池充电的操作方法

（一）场地设备

电压 24 V 容量 200 Ah 或 150 Ah 船用铅酸蓄电池组；配套充电机；万用表；比重计；玻璃温度计；量杯；吸管；漏斗；绝缘手套；扳手等。

（二）操作步骤

1. 熟悉蓄电池的一些充电方法

（1）**恒流充电法**　在充电过程中，充电电流强度始终保持不变。由于在充电工程中电池电压是逐渐升高的，为保持充电电流恒定，电源电压也必须逐渐升高。这种方法由于充电电流大，所以充电时间可以缩短。但这种方法在充电末期由于充电电流仍不变，大部分电流用在分解上，会冒出很多气泡，所以不仅损失电能，而且容易使极板上的活性物质过量脱落，并使极板弯曲。

（2）**恒压充电法**　在充电过程中，充电电压始终保持不变。采用这种方法在刚开始充电时，电流大大超过正常充电电流，随着蓄电池电压的上升，电流逐渐减小。当电池电压与电源电压相等时，充电电流为零。所以采用这种充电方法可以避免蓄电池过量充电。但缺点是充电初期电流大，易使极板弯曲，活性物质脱落；充电末期电流小，使极板深处的硫酸铅不易还原。连接方式及充电特性曲线如图 3-18 所示。

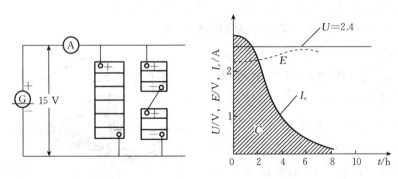

图 3-18　恒压充电法连接方式及充电特性曲线

（3）**分段恒流充电法**　在充电初期，蓄电池用较大电流（10 h 放电率电

流即蓄电池容量的 1/10 电流）充电；当蓄电池发出气泡，电压上升到 2.4
V 时，改用第二阶段较小电流（10 h 放电率电流的 1/2 的小电流即蓄电池容
量的 1/20 电流）充电。这种方法既不浪费电，又较时间，对延长电池寿命
有利，是目前船舶常用的充电方法。连接方式及充电特性曲线如图 3-19
所示。

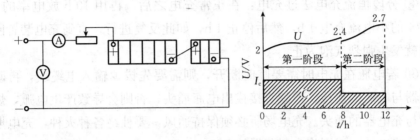

图 3-19　分段恒流充电法连接方式及充电特性曲线

（4）**浮充电法**　又称连续充电法。一种连续、长时间的恒电压充电方
法。足以补偿蓄电池自放电损失并能够在电池放电后较快地使蓄电池恢复到
接近完全充电的状态。

（5）**过充电法**　铅蓄电池在运行时往往因为长时间充电不足、过放电或
其他一些原因（如短路），造成极板硫化，从而在充电过程中使电压和硫酸
比重都不易上升。出现这种情况时，可以在正常充电之后，再用 10 h 放电
率的 1/2 或 3/4 的小电流充电 1 h，然后停止 1 h，如此反复进行，直到充电
装置刚一合闸就发生强烈气泡为止。

2. 充电操作

① 充电前要先检查一下是否有液面非常低的单体，液面正常位置以高
出标板 1 cm 为宜，如果有要先给这些单体补充蒸馏水。

② 用万用表测量蓄电池单个电池的电压，如果电压为 1.7～1.8 V 则蓄
电池中电能已放完，如果电压为 2.6 V 则蓄电池充满电。

③ 将电池的接头与充电机的接头正确连接（正极接正极，负极接负
极）；再将输入电缆线与 220 V 插头对接，最后才允许打开充电机的电源
开关。

④ 采用分段恒流充电法。蓄电池第一阶段充电电流限定为 0.1～0.2 倍
蓄电池的容量。这个充电电流也适合循环使用的情况，但循环使用情况的充
电电压要求在 25 ℃时为 2.45 V/单格，也作为均充电压。

⑤ 每隔 2～3 h 应测量一次电压和密度，经常测量温度，控制不得高于 45 ℃，如超过要先让蓄电池降温休息，然后再进行充电。

⑥ 当蓄电池发出气泡，电压上升到 2.4 V 时，改用第二阶段较小电流充电，充电电流限定为 0.05～0.1 倍蓄电池的容量。

⑦ 分段恒流充电法充电时间为 13～16 h。

⑧ 分段恒流充电法过充电：在正常充电之后，再用 10 h 放电率的 1/2 或 3/4 的小电流充电 1 h，然后停止 1 h，如此反复进行，直到充电装置刚一合闸就发生强烈气泡为止。

⑨ 若电瓶在充电时需要临时断开，则需要先拔掉输入电缆线，再断开充电器与电瓶的连接，严禁直接拔出电瓶插头，否则会导致产生电弧，烧坏电瓶与充电器的插头。充电场所必须保持通风，要杜绝各种火种，充电期间不得检修电池，否则将会引起爆炸。

第四章 动力测试与分析

项目一 船舶主柴油机压缩压力测量与分析

(一) 场地设备及工量具
轮机操作实验室、爆压表。

(二) 操作步骤
① 检查爆炸压力表的准确性，压力表指针在"0"位。

② 调整柴油机到额定转速下运转。

③ 待测气缸安装爆炸压力表。先打开示功阀吹净缸内灰尘等杂质，再装上爆压表。

④ 将待测气缸进行单缸停油操作。

⑤ 打开示功阀开始测量，正确读出爆压表上的数值，并做好记录。

⑥ 关闭示功阀，释放爆压表内压力，取下爆压表。

⑦ 根据测量的压缩压力值进行分析判断。压缩压力下降与气缸密封性变差、压缩比变小等有关。

⑧ 用同样的测量方法逐缸检查压缩压力，要求各缸压缩压力偏差不大于±2.5%。

⑨ 测量完毕，取下爆压表，对仪表进行擦拭保养。

项目二 船舶主柴油机最大爆炸压力测量与分析

(一) 场地设备及工量具
轮机操作实验室、爆压表。

(二) 操作步骤
① 检查爆炸压力表的准确性，压力表指针在"0"位。

② 柴油机在额定转速、额定功率下稳定运转。

③ 待测气缸安装爆炸压力表。先打开示功阀吹净缸内灰尘等杂质，再

装上爆压表。

④ 打开示功阀开始测量，正确读出爆压表上的数值，并做好记录。

⑤ 关闭示功阀，释放爆压表内压力，取下爆压表。

⑥ 根据测量的爆炸压力进行分析判断。正确分析说明爆炸压力与供油定时、循环供油量之间的关系。一般来说，如爆炸压力偏高，排气温度也偏高，则说明供油量偏大；反之，排气温度偏低，则说明供油过早。如爆炸压力低，排气温度也偏低，则说明供油量小；反之，排气温度偏高，则说明供油过迟。

⑦ 用同样的测量方法逐缸检查爆炸压力，要求各缸爆炸压力偏差不大于±4%。

⑧ 测量完毕，取下爆压表，对仪表进行擦拭保养。

项目三　液压舵机的测试与调整

（一）场地设备及工量具

阀控型或泵控型液压操舵装置系统。

（二）操作步骤

1. 调试前检查

① 检查舵机各运动部件有无障碍物。

② 手动转动油泵看其是否正常运转，要求无卡阻现象。

③ 各润滑部位应加注充足的润滑油，以确保良好的润滑条件。

④ 各密封处应无泄漏现象。

⑤ 各螺栓等连接件应坚固。

⑥ 各电器设备应正常可靠。

⑦ 舵角指示器应能反映实际转舵角。

2. 试舵检查

① 手动操纵试舵，令舵叶从中央位置向左右两舷各转 35°，看其能否正常、顺利地转舵；并从一舷的 35°转至另一舷的 30°时间不超过 28 s。

② 电液操纵试舵，拟做左右两舷各转舵 5°、15°、25°、35°试验。检查操纵机构、电液系统、追随机构等能否正常、可靠地工作，受动器、转舵油缸是否漏油，运转中有无异常声响，有无严重空舵现象等。

③ 电气舵角指示器与实际舵角偏差应不超过±1°，且正舵时无偏差。

④ 随动舵角指示舵角与舵停住后的实际舵角偏差应不超过±1°，且正舵时无偏差。

⑤ 不应有明显的跑舵现象。

⑥ 滞舵时间不大于 1 s，舵轮空转不超过半圈。

⑦ 电气和机械舵角限位必须可靠，实际限位舵角与规定值不能超过±30°。

3. 安全阀的整定

① 启动一台油泵，移开舵角限位，机旁操纵转舵，如主泵是变量泵，接近最大舵角时小流量。

② 舵转到机械极限舵角位置，使油压继续升高，接近整定压力，安全阀应开启，读数。

③ 如读数与规定值不符，调整安全阀调节螺帽。

附录

附录一　海洋渔业船舶轮机人员证书考试科目

考试科目		证书类别					
		一级轮机长	二级轮机长	三级轮机长	一级管轮	二级管轮	助理管轮
理论考试	渔船动力装置	√	√	√	√	√	√
	渔船辅机	√	√	√	√	√	√
	渔船电气	√	√	√	√	√	√
	轮机管理	√	√	√	√	√	√
实操评估	动力装置拆装	√	√	√	√	√	√
	动力装置操纵		√	√		√	√
	渔船电工技术			√		√	√
	动力装置测试分析	√	√		√		

注：表格中标记√的为考试科目。

附录二　评估题卡（供参考）

渔业船员评估记录表

姓名		准考证号		职务	
类别		等级		评估日期	
科目	动力装置拆装		评估方法		实操
操作题目		四冲程气缸盖拆卸和装配		完成时间	30 min
序号		评估要求		备注	
1		准备工作：柴油机、吊装工具及起重设备、扭力扳手、塞尺。彻底清洁气缸盖，装妥缸盖安装前需装配的零部件（如非阀壳式气阀的气阀装置等）			
2	安装步骤	将柴油机盘车至适当位置。拆除油、气、水管及其他附件。正确拧松气缸盖螺母，并对螺母做记号；检查吊装工具，并牢固地装在缸盖上，挂上吊钩将缸盖稍稍吊起，可用方木作临时支撑，进一步清洁缸盖底面及进排气支管结合面		结合面未清洁不合格	
		缸盖垫片检查、处理，两面涂密封胶装于缸套顶端密封面上，在缸体顶面封水胶圈锥孔处装好密封胶圈		垫片未检查、不知垫片处理方法不合格	
		遵照安全起重规则及正确的方法将缸盖吊至气缸上方，对正螺孔缓缓垂直地落下缸盖			
		按说明书给出预紧力矩要求，用扭力扳手对角、分数次上紧缸头螺母		上紧力矩方法不对不合格	
		将垫片插入进排气支管接口			
		装气阀传动机构并调整气阀间隙			
		装复油、气、水管及其他附件			
3	拆卸	拆卸步骤可按装配的反顺序进行		拆卸前螺栓、螺母未做记号不合格	
开始时间		结束时间		所用时间	
结论		合格□		评估员	
		不合格□		主考官	

渔业船员评估记录表

姓名		准考证号		职务	
类别		等级		评估日期	
科目	动力装置拆装	评估方法		实操	
操作题目	气阀间隙的检查与调整			完成时间	15 min

序号		评估要求	备注
1		测量工具选用正确：塞尺、扳手、螺丝刀	
2		检查与调整的方法、步骤（发火顺序 1-5-3-6-2-4）	
3	两次盘车检查与调整方法	按曲轴工作转向盘动飞轮，将第一缸盘车至进排气阀均关闭状态（并确认气阀关闭的方法）；口述其余五个气缸能够调整的气阀	不会此项操作则不合格
		按说明书规定的气阀间隙值，用塞尺插入摇臂与阀杆顶端间隙之间，来回抽动塞尺，手感需稍有阻尼感，否则应予重新调整	不会此项操作则不合格
		用扳手拧松锁紧螺母，塞尺放至间隙处，一边调整调节螺钉，一边抽动塞尺，直到符合要求再把锁紧螺母锁死，再复合合格	
		曲轴工作转向盘车 360°，调整其余的气阀间隙	不会此项操作则不合格
4		调好合格后整理场地，清洁整理工具	

开始时间		结束时间		所用时间	
结论		合格□		评估员	
		不合格□		主考官	

渔业船员评估记录表

姓名			准考证号		职务	
类别			等级		评估日期	
科目	动力装置拆装		评估方法		实操	
操作题目		气缸套的拆装			完成时间	15 min

序号		评估要求	备注
1	准备	在相关部位悬挂"禁止操作"警示牌	未挂禁示牌和切断气源不合格
		切断油、气、水路，抽去油底壳中的滑油	
2	选择工具	选择拆该机的合适扳手、榔头，垫缸盖用的垫子、席子或木料	
		选择拆缸盖螺栓的专用扳手，选择拆活塞连杆组件用的工具如扭力扳手，选择拉缸套的一整套专用工具	
3	拆卸缸套前的准备工作	口述拆气缸盖、起吊活塞程序	
		拆卸缸套前应事先做好标记	
		缸套下方放妥防污垫布	
4	利用专用工具把缸套拉出	选择适当的支撑台	不会此项操作则不合格
		固定好拉缸套的专用工具	
		旋动上方螺母，使缸套慢慢拔出。注意用力情况	
		使用起重工具取出缸套，注意用力情况。拆出的缸套应合理安放	
5	缸套外表及水套清洁，检查或更换橡皮圈	缸套外表面及水套上的水锈清除	不会此项操作则不合格
		取下橡皮圈，一律换新	
		能对密封铜圈进行处理。把橡皮圈装回原处，在橡皮圈上涂上厚白漆或肥皂液，要求安装方法正确	
6	把缸套正确装回	把缸套放回原缸位，方向正确	不会此项操作则不合格
		利用原气缸盖压紧缸套	
		装上缸盖	
7	检查	接上水管，放水试验	

开始时间			所用时间		结束时间	
结论		合格□		评估员		
		不合格□		主考官		

渔业船员评估记录表

姓名		准考证号		职务	
类别		等级		评估日期	
科目		动力设备拆装		评估方法	实操
操作题目		气缸套的磨损测量		完成时间	20 min
序号		评估要求			备注
1	测量步骤	选择量具正确			
		检查百分表的灵敏性和准确性，确认完好；将表装在表杆上，使表小指针有1 mm左右的读数			不会此项不合格
		清洁外径千分尺，用随带的标准棒校验，并记录其偏差；将外径千分尺调至缸套公称尺寸（直径）并锁住微分筒保持此尺寸			不会此项不合格
		用内径量表测量上述外径千分尺，转动百分表盘使大指针对"0"；同时记下百分表小指针的读数			不会此项不合格
		清洁缸套内表面，测量和记录各要求部位的尺寸	清洁缸套内表面，确定测量部位和环带		
			测量方法正确（进表、确定读数、退表）		不会此项不合格
			记录各要求部位的尺寸，方法正确		
2	计算	磨损量计算	缸套实测缸径与名义直径差值的一半为累计磨损量；其中最大的一个为本缸套的最大累计磨损量（若将最大累计磨损量比上运行小时数可得出磨损率）。通常缸套的磨损量用缸径最大增量来表示，也就是实测缸套最大值与其名义直径的差值		不会此项不合格
		圆度、圆柱度计算	圆度：同一测量环带上 X—X 和 Y—Y 方向上测量尺寸之差的一半。取其中的最大值为最大圆度		不会此项不合格
			圆柱度：不同环带同一方向（X—X 或 Y—Y）测量尺寸差值的一半。取其中的最大值为最大圆柱度		不会此项不合格
开始时间		结束时间		所用时间	
结论		合格□		评估员	
		不合格□		主考官	

渔业船员评估记录表

姓名		准考证号		职务	
类别		等级		评估日期	
科目	动力装置拆装	评估方法		实操	

操作题目	四冲程连杆活塞组件分解和拆装	完成时间	40 min

序号		评估要求	备注
1		准备工作：选取活塞连杆组件、加热容器、吊装工具和起重设备、卡簧钳、铜棒、锤子	
2	安装步骤	检查确认活塞销与座孔的装配标记和活塞、连杆的相对装配位置	未检查标记不合格
		用工具取下活塞销座孔内的卡簧。清洁活塞销孔，检查并修刮掉座孔表面有碍拆卸活塞销的毛刺及突起等缺陷	
		将活塞组件倒置吊放于木板上，并使连杆受一定拉力，用铜棒轻轻打出活塞销，注意销孔不受损伤，将活塞与连杆分解开（若是铝合金活塞需加热至 100 ℃左右再行拆卸）	
		分解开组件进行检查修理（若加热过，须让其自然冷却后检查修理）	
3	装配步骤	装配是分解的反顺序，注意检销孔配合，弹簧挡圈弹性（注意：铝合金活塞需加热至 100 ℃左右再将活塞销装入）	相对位置装反不合格
		清洁各零件表面，配合面上涂清洁机油	

开始时间		结束时间		所用时间	
结论		合格□	评估员		
		不合格□	主考官		

渔业船员评估记录表

姓名		准考证号		职务	
类别		等级		评估日期	
科目	动力装置拆装	评估方法		实操	

操作题目	柴油机活塞环的安装	完成时间	20 min

序号		评估要求	备注
1		工具准备：塞尺、放大镜、专用工具、手电筒、游标卡尺、盖板	
2		清洁准备：场地、活塞、活塞环清洗，检查环槽、油环槽泄油孔	
3	说出活塞环安装前的检查	外表检查：磨损情况，表面缺陷，环的顺序确定	不会此项操作则不合格
		弹性检查：永久变形法	
		密封性检查：漏光法	
		搭口间隙、天地间隙的测量检查	
4	检查结论	根据检查情况分析活塞环是否可用	结论不正确不合格
5	活塞环安装	专用工具的使用	环的安装方向错误和搭口没有错开不合格
		活塞的放置	
		每装入一道环后的检查	
		安装时的动作正确	
		环安装的方向正确	
		全部安装完毕后搭口的错开	
6	收尾	整理工具，清理场地	

开始时间		结束时间		所用时间	
结论		合格□		评估员	
		不合格□		主考官	

渔业船员评估记录表

姓名		准考证号		职务	
类别		等级		评估日期	
科目	动力装置拆装		评估方法	实操	
操作题目	盘式空气分配器拆装与检修			完成时间	20 min

序号		评估要求	备注
1		准备好工具	
2	拆卸	挂好禁示牌,关闭空气阀	
		拆下空气连接管,拆下固紧螺栓,取出空气分配器	
		清洁检查并放妥各部件	
3	检修	阀盘平面磨损检查	
		在平板上8字形研磨阀盘密封面(先粗沙、再细沙、最后用滑油),清洁检查	研磨方法不当不合格
4	安装	装复阀盘(孔对准处于膨胀冲程的气缸),上紧螺栓,正确连接各空气管	装复方法不当不合格
		取下禁示牌,清洁现场,整理工具	

开始时间		结束时间		所用时间	
结论	合格□		评估员		
	不合格□		主考官		

渔业船员评估记录表

姓名		准考证号		职务	
类别		等级		评估日期	
科目	动力装置拆装	评估方法		实操	
操作题目	6300 型柴油机气缸启动阀的拆装与检修			完成时间	15 min

序号		评估要求	备注
1		准备好工具	
2	拆卸	挂好禁示牌，关闭空气阀	
		拆下空气连接管，拆下固紧螺栓，取下气缸启动阀	
		清洁检查并放妥各部件	
3	检修	解体阀件，清洁各零件	
		采用合适工艺研磨阀头与阀座密封面（先用粗沙、再用细沙、最后用滑油），清洁并做密封性检查（煤油法、划线法）	研磨方法不当不合格
4	安装	组装好阀件，将启动阀装回气缸并上紧螺栓，正确连接空气管	组装方法不当不合格
		取下禁示牌，清洁现场，整理工具	

开始时间		结束时间		所用时间	
结论	合格□		评估员		
	不合格□		主考官		

渔业船员评估记录表

姓名			准考证号		
操作题目	类别		等级		
科目	动力装置拆装		评估方法	实操	
操作题目	喷油泵的拆装和检修		完成时间	20 min	

序号	评估要求	备注
1	拆装工具选用正确：专用工具、尖嘴钳、扳手、螺丝刀、手电筒、清洗及过滤轻油各一盘	
2	将油泵夹持于垫以铜钳口的钳台上，用扳手旋出油口接头依次取出油阀弹簧及出油阀（使用专用工具）	
	将高压油泵倒置，将导向套压下，用起子将弹簧圈挑出	
	然后松开杠杆依次取出导向套筒、柱塞、弹簧、上弹簧承盘及齿圈，并检查齿圈与齿条的记号	
	将油泵正置，拆下定位螺钉，取出柱塞套，与柱塞一起放好，放在油盘中	
	零件放置有序并清点，与工具分开	
3	柱塞套筒装配（检查柱塞偶件）	不会此项操作不合格
	齿条与齿圈的装配	
	柱塞与导向套筒的装配	
	装配出油阀及接头（检查出油阀偶件）	
4	整理并放妥工具，清理场地	
	清洁泵体，用布将泵低压进油口及出油口包好	

开始时间		结束时间		所用时间	
结论	合格□		评估员		
	不合格□		主考官		

渔业船员评估记录表

姓名			准考证号		
操作题目	类别		等级		
科目	动力装置拆装		评估方法		实操
操作题目	柴油机供油正时检查与调整		完成时间		20 min
序号	评估要求				备注
1	说出供油定时有三种检测方法：冒油法、刻度法和漏光法				不会此项操作不合格
	说出该柴油机所使用方法				
	以冒油法为例：拆去指定缸高压油管，供油手柄置于额定供油位置，确认其未处在供油位置并手动泵油，吹去高压泵出口的油				
	正确的盘车方向盘车				
	知道何时为供油正时，读出并准确记录供油定时				
2	说出柴油机单缸供油定时调节方法：转动凸轮法、升降柱塞法和升降套筒法				
	该柴油机单缸调节供油正时应采用什么方法				
	在告知说明书上的要求时，说出该缸为什么要调，在哪里调，知道需调多少度，调大还是调小				
	升降柱塞法：打开高压油泵盖板，松开紧固螺母				
	正确的方向升或降柱塞，上紧紧固螺母				不会此项操作不合格
	选择合适的工具：扳手、可锤击的一字型螺丝刀				
	再检查供油定时				
	如需再次调节，步骤正确				
开始时间		结束时间		所用时间	
结论	合格□		评估员		
	不合格□		主考官		

渔业船员评估记录表

姓名		准考证号		职务	
类别		等级		评估日期	
科目	动力装置拆装	评估方法		实操	
操作题目	多孔式喷油器启阀压力检查、调整及雾化试验		完成时间	15 min	

序号		评估要求		备注	
1	准备工作	准备工具：螺丝刀、扳手等			
		检查：表是否正常、油是否充足			
		检查密封性	检查试验台油泵的密封性	检查错误则不合格	
			检查判断喷油器的密封性	检查错误则不合格	
2	启阀压力检调	检查喷油器，松开调节螺钉的锁紧螺母			
		安装喷油器，放气后旋紧螺母			
		启阀压力检查	泵油频率控制（口述要求）		
			注意检查喷油器泄漏现象		
			启阀压力的确认		
		调整启阀压力（调试、紧锁、复查）		方法错误则不合格	
3	雾化试验	垂直装好喷油器，以 40～80 次/min 速度泵油，使喷油器喷油 2～3 次，直观判断雾化状况			
4	判断	根据喷油器工作情况：①喷油声音；②雾化细度和均匀度情况；③喷油器喷油孔周围滴油情况（允许湿润）确定为符合或不符合		判断错误则不合格	
5	收尾工作	拆除喷油器时防止高压油喷出			
		清洗后，用棉布包住油嘴			
		整理工具，清洁场地			
开始时间		结束时间		所用时间	
结论		合格□	评估员		
		不合格□	主考官		

渔业船员评估记录表

姓名		准考证号		职务	
类别		等级		评估日期	
科目	动力装置拆装		评估方法		实操
操作题目	四冲程机主轴承拆卸和装配（一道）			完成时间	25 min

序号		评估要求	备注
1		准备工作：选取柴油机、扳手、扭力扳手、尖嘴钳、铜棒、盘瓦销钉和锁紧片	
2	拆卸步骤	在柴油机操纵台旁挂"禁止动车"警告牌，拆下曲轴箱道门	
		拆下主轴承的润滑油管，将螺母锁紧片扳直（或拆下开口销），并检查主轴承盖装配记号	未做记号不合格
		用扳手按对角、分次拧松螺母，拧出螺母，做好螺母与螺栓的记号	未做记号不合格
		用铜棒敲击轴承盖两端筋部，取下轴承盖，做好记号	未做记号不合格
		拆出上瓦	
		利用盘瓦销盘出下瓦	转向不对不合格
		取出销钉	
3	检查方法	轴承运行情况检查（口述检查方法），并用压铅法测量、分析轴承间隙	不会此项操作不合格
4	装配	装配步骤可按拆卸的反顺序进行（包括用塞尺测量主轴承间隙）	转向不对不合格

开始时间		结束时间		所用时间	
结论		合格□		评估员	
		不合格□		主考官	

渔业船员评估记录表

姓名		准考证号		职务	
类别		等级		评估日期	
科目	动力装置拆装	评估方法		实操	
操作题目	拐挡差的测量与轴线状态分析			完成时间	20 min
序号		评估要求		备注	
1		确认拐挡表的测量精度和正负值，校验表的灵敏性和准确性		不会使用仪表不合格	
2	测量步骤	在操纵台旁挂"禁止动车"的警告牌，拆下曲轴箱道门通气			
		将需测量臂距差的缸的曲柄销盘至下止点后15°左右的位置，并清洁冲孔			
		装上合适的接杆，并将表装入冲孔中；调节螺钉使表的小指针有1mm左右的压缩量，将锁紧螺母锁紧；转动表盘使大指针对"0"		不会此项操作不合格	
		周向转动表体观察表针有无摆动（对重锤式而言），若有摆动应查明原因并消除			
		将下止点后15°的臂距值记录为0；依次按转向盘车至270°、0°、90°以及下止点前165°处，分别读出测量数值并予记录。在确认测量无误后，再拆卸拐挡表进行下一个曲柄的测量，直至所有缸测量完为止		不会此项操作不合格	
3	轴线状态分析	清洁拐挡表并将其放回盒内，仔细检查、清洁曲轴箱，确认无误后关闭曲轴箱道门			
		了解 Δ 左右的含义			
		计算各缸的臂距差 Δ 上下			
		画出示意图，根据 Δ 上下＞0 则主轴承偏低，Δ 上下＜0 则主轴承偏高		不会此项操作不合格	
4		根据有关规范规定的范围，提出初步调整方案			
开始时间		结束时间		所用时间	
结论		合格□	评估员		
		不合格□	主考官		

渔业船员评估记录表

姓名		准考证号		职务	
类别		等级		评估日期	
科目	动力装置操作	评估方法		实操、口述	
操作题目	柴油机启动与停车操作			完成时间	10 min

序号	评估要求	备注
1	各个系统检查确认无异常	不会此项不合格
2	检查各种液位	不检查滑油位不合格
3	盘车无异后，供应启动空气	示功阀未开不合格
4	检查操纵台仪表，确认正常。必须掌握各种仪表的意义和正常范围	概念混淆或基本无概念不合格
5	冲车，掌握冲车的目的和要求	
6	试车，掌握试车的目的和要求。运转后必须再次检查润滑油压力和油位。掌握备车完成的时机	不检查油位不合格
7	正车运行。操作正确，两次启动必须成功	启动不成功不合格
8	倒车运行。操作正确，两次启动必须成功	启动不成功不合格
9	正常运行后的管理和检查（口述可作为补充）	
10	停车操作	不会此项不合格

开始时间		结束时间		所用时间	
结论	合格□		评估员		
	不合格□		主考官		

渔业船员评估记录表

姓名		准考证号		职务	
类别		等级		评估日期	
科目	动力装置操作		评估方法		实操
操作题目	活塞式水冷空压机操作与管理			完成时间	15 min

序号	评估要求	备注
1	检查空气瓶压力，决定是否需要补气	
2	曲轴箱油位检查，滴油杯油位检查	不会此项不合格
3	启动前开启冷却水进出口阀（启动水泵）确认循环正常	
4	打开卸载阀、空气瓶进气阀，检查确认运行无阻碍后启动	不会此项不合格
5	等电机转速正常时关闭卸载阀进行正常供气	
6	调节滴油杯滴油速率	不会此项不合格
7	观察是否有异常振动和噪声，观察进气速率是否正常，定期放残，检查冷却及润滑情况	
8	需停空压机时采取正确的卸载停机	不会此项不合格
9	停机后空气瓶放残和正确停冷却水	不会此项不合格
10	把有关阀门和开关恢复到初始状态	

开始时间		结束时间		所用时间	
结论	合格□		评估员		
	不合格□		主考官		

渔业船员评估记录表

姓名		准考证号		职务	
类别		等级		评估日期	
科目	动力装置操作	评估方法		实操	
操作题目	电动液压舵机的启动、停车及管理			完成时间	25 min

序号	评估要求	备注
1	检查油箱油位，保持在2/3左右	不会此项不合格
2	检查各联轴节的连接紧固件是否松动，向各摩擦部位注油	不会此项不合格
3	检查各阀件及管接头是否有漏泄	
4	操舵仪上的机组选择开关、操舵方式选择开关以及转换箱上的操舵地点选择开关放正确位置	不会此项不合格
5	检查各阀门是否在所要求的位置上	
6	检查电源电压，推上电闸，合上电源开关	
7	将机组选择开关扳至待用泵，启动舵机油泵	不会此项不合格
8	用机旁手动操舵方式进行试舵试验	
9	用随动操纵先后向一舷及另一舷做5°、15°、25°、35°的操舵试验。测试转舵时间	
10	电气和机械式的舵角限位必须可靠	
11	日常管理内容	
12	系统补油与排气操作	
13	停机操作	

开始时间		结束时间		所用时间	
结论	合格□		评估员		
	不合格□		主考官		

渔业船员评估记录表

姓名		准考证号		职务	
类别		等级	一、二等	评估日期	
科目	动力设备操作		规定时间内完成，超时为不合格		
操作题目	分油机的启动和停车步骤（DZY 系列分油机）			完成时间	25 min
序号		评估要求		备注	
1	启动前准备	启动前对有关事项的检查（齿轮箱、摩擦片、高置水箱及油柜油位等）			
		启动前确认各（油、水、控制空气）阀门的开闭情况		不会此项不合格	
2	启动操作	启动电动机达到额定转速（掌握分油机启动特性）			
		清楚操作控制阀程序：空位→密封→补偿		不会此项不合格	
		开启水封阀，引入水封水至出水口出水后关闭		不会此项不合格	
		先开出油阀，后开进油阀，对分水机进油要缓慢，分杂机进油速度要快			
		合理调节沉淀柜中的加热温度（根据油种而定）			
		合理调节分离量（额定分离量的 1/3 或 1/2）		不会此项不合格	
		定期排渣一次（一般不超过 4 h，根据油类品种而定）			
3	运行管理	检查分油机是否有异常振动和噪声			
		注意分油机齿轮箱油位			
		检查随机油泵是否有发热现象			
		检查有关油、水箱柜的液位			
		检查分离油的流量和温度			
		检查排渣口和出水口是否有跑油现象			
4	日用柜油位达到指定位置后分油机停用，谨防溢油				
开始时间		结束时间		所用时间	
结论		合格□		评估员	
		不合格□		主考官	

渔业船员评估记录表

姓名		准考证号		职务	
类别		等级		评估日期	
科目	动力设备操作		规定时间内完成，超时为不合格		
操作题目		油水分离器操作与运行管理		完成时间	15 min

序号	评估要求	备注
1	征求驾驶台，是否可以排放污水，并记录排放开始时间、地点及污水存量	不操作此项不合格
2	对油水分离器充满清水（出口打至污水柜）	直接出海不合格
3	开启 15ppm 监测装置，若排放低于 15ppm 后打开污水吸入阀，关闭清水阀	
4	污水排放含油低于 15ppm 后打开出海阀，关闭至污水柜的阀	概念不清不合格
5	若排放不合格，对油水分离器加温，减少流量并打循环，排放合格后再出海	不会此项操作不合格
6	检查运行参数，检查油污量，并说明油污自动排放原理和手动排油污操作	不会此项操作不合格
7	停止前先手动排放油污，把吸入阀转至清水，并冲洗 15 min 以上	不会此项操作不合格
8	停止运行后通知驾驶台，并记录排放结束时间、地点及污水柜存量	不会此项操作不合格
9	若短期停用满水保养，长期停用需将油水分离器放空	

开始时间		结束时间		所用时间	
结论	合格□		评估员		
	不合格□		主考官		

渔业船员评估记录表

姓名			准考证号		职务	
类别			等级		评估日期	
科目		动力设备操作		规定时间内完成，超时为不合格		
操作题目		海水淡化装置的操作与运行管理		完成时间		20 min
序号		评估要求			备注	
1	启动前准备	检查装置所属的机电设备、附件和仪表是否完好				
		检查各连接件接头处的紧密性				
		检查所有阀门是否完好				
		检查外接电源是否畅通				
2	启动操作	关闭真空破坏阀、底部排泄阀、凝水泵出口阀和给水调节阀			不会此项不合格	
		打开海水系统中的截止阀，启动海水泵				
		调节旁通阀，使压力表指针到 0.4 MP 左右，流量计为 5.6 t/h 左右				
		打开抽气管路和浓盐水管路上的单向阀，装置开始抽真空，装置内真空度达到 −0.09 MP 左右约需 10 min 保持不下降，否则，装置漏气			不会此项不合格	
		当装置内真空度达到 −0.093 MP 时，缓慢打开给水阀，通过观察孔观察，水位应在正常位置				
		打开热水阀供热水，并使流量和温度控制在合适的范围内				
		运行 10 min 左右，启动凝水泵，确保凝水泵出口有一定的正压力				
		打开盐度计，打开淡水管路上的阀门，观察淡水流量计				
3	运行管理	应严格控制给水量（给水量应控制在造水机的 3～4 倍）			不会此项不合格	
		凝水泵出口应保持一定的正压，运行过程中要控制凝水水位				
		控制造水量				
		控制真空度				
4	停用操作	关闭给水阀、抽气管路和抽浓盐水管路上的单向阀，停热水，关热水泵				
		停海水泵，关闭海水管路上的阀门				
		开启真空破坏阀，卸除真空				
开始时间			结束时间		所用时间	
结论		合格□		评估员		
		不合格□		主考官		

渔业船员评估记录表

姓名			准考证号		职务	
类别			等级		评估日期	
科目		动力设备操作		规定时间内完成，超时为不合格		
操作题目		制冷装置启动与停车操作		完成时间		15 min
序号		评估要求			备注	
1	启动前准备工作	检查压缩机曲轴箱油位在刻度线之间				
		检查贮液器中冷剂液位（在全部回收状态下应为3/4左右）			不会此项不合格	
		正确开启冷凝水泵的阀门，启动冷凝水泵，确认循环良好				
		开启贮液器出口阀，压缩机的排出截止阀，关闭吸入截止阀，手动盘压缩机，确认运行无障碍			不会此项不合格	
		检查油压表，高低压表各接头是否正常				
		检查并启动冷库风机				
2	正确启动	合上电源，将能量调节手柄置于"空载"挡，启动压缩机				
		缓慢开启压缩机吸入截止阀，转动能量调节手柄逐渐加载，观察压缩机一级吸入压力表，直至开足，防止液击			不会此项不合格	
3	运行管理	检查压缩机是否有异常的振动与噪声				
		观察润滑油压力、吸入压力、排出压力是否正常				
		观察制冷效果是否正常				
		观察蒸发器后端（压缩机吸入管）如是高温库应有结露现象				
		等上述工况均正常后把手柄转为自动				
4	停用操作	长期停用：先关闭贮液器出口阀，等压缩机运行至低压停车（必要时短接低压继电器），以回收系统冷剂			不会此项不合格	
		关闭压缩机吸排截止阀				
		最后停风机和水泵，切断电源				
开始时间			结束时间		所用时间	
结论		合格□		评估员		
		不合格□		主考官		

渔业船员评估记录表

姓名		准考证号		职务	
类别		等级		评估日期	
科目	动力设备操作	规定时间内完成，超时为不合格			
操作题目	制冷剂的充注	完成时间		15 min	

序号		评估要求	备注
1	利用吸入多用通道加冷剂	检查制冷装置的冷剂量	不会此项不合格
		判断冷剂的牌号	不会此项不合格
		找到本装置加冷剂的端口	
		明确钢瓶放置角度，并正确接上加剂管	不会此项不合格
2	正确对加剂管驱气	使加剂管与吸入多用端口处于不接紧状态	
		确认吸入三通阀处于全开状态	
		微开钢瓶出口阀，利用钢瓶内高压冷剂对加剂管驱空气后拧紧加剂管接头	
3	使三通阀处于正确位置	旋上三通阀至中位，适当打开钢瓶出口阀开度	
		压缩机处于运行状态	
		观察压力表	
4	正确判断加冷剂的数量	通过液位镜判断	概念混淆或基本无概念不合格
		通过称重判断	
		通过压力表判断	
5	充剂完毕阀件转换及复位操作正确	关闭钢瓶出口阀	
		待加剂管抽到微冷状态	
		把三通阀全开	
		旋出加剂管	
		做效用试验	
		收拾好工具和钢瓶	

开始时间		结束时间		所用时间	
结论		合格□	评估员		
		不合格□	主考官		

渔业船员评估记录表

姓名		准考证号		职务	
类别		等级		评估日期	
科目	动力设备操作	规定时间内完成，超时为不合格			
操作题目	热力膨胀阀的调试	完成时间		15 min	

序号		评估要求	备注
1	热力膨胀阀调试前的检查和准备	检查系统中冷剂是否充足，不足则先补充冷剂	不会此项不合格
		检查冷凝压力是否太低，太低则关小冷却水进口阀	不会此项不合格
		检查膨胀阀前后管路有否堵塞或冰塞，有则设法消除	
		检查膨胀阀及其毛细管、感温包、平衡管的状况是否正常，不正常则应纠正	不会此项不合格
		检查蒸发器结霜是否过厚，有则设法消除	
2	热力膨胀阀的调整	依据仪表进行调整：利用压缩机的吸气压力作为蒸发器内的饱和压力，查表得到近似蒸发温度。可用测温计测出回气管的温度，与蒸发温度对比来校核过热度，过热度一般以 3～6 ℃ 为宜。需要调节热力膨胀阀时，每次调整均增减 0.5 ℃ 以下为宜。调节螺杆每转一圈一般过热度变化为 1～1.5 ℃	
		根据经验进行调整 通过调整热力膨胀阀上的调节螺杆使压缩机吸气管刚好均匀结霜或有冰冷粘手的感觉粗略估计过热度	

开始时间		结束时间		所用时间	
结论	合格□		评估员		
	不合格□		主考官		

渔业船员评估记录表

姓名		准考证号		职务	
类别		等级		评估日期	
科目	动力设备操作		规定时间内完成，超时为不合格		
操作题目	制冷装置放不凝性气体的操作		完成时间	15 min	

序号		评估要求	备注
1	不凝性气体进入系统的危害	1）空气的存在会影响传热	概念混淆或基本无概念不合格
		2）会使排气压力、排气温度升高，增加压缩功耗	
		3）严重时系统无法工作	
2	排除步骤	1）关闭储液器出口阀	不会此项不合格
		2）启动压缩机把系统中的制冷剂连同不凝性气体一起压入冷凝器中然后停压缩机	
		3）继续向冷凝器供循环冷凝水，以使冷剂充分凝结，直至冷凝器压力不再下降为止	
		4）打开冷凝器顶部放空气阀，让气体流出几秒钟即关，停片刻再重开一次，注意排出压力表直至接近水温所对应的制冷剂饱和压力	
3	投入运转检查实际效果		不会此项不合格

开始时间		结束时间		所用时间	
结论	合格□		评估员		
	不合格□		主考官		

渔业船员评估记录表

姓名		准考证号		职务	
类别		等级		评估日期	
科目	动力设备操作		规定时间内完成，超时为不合格		
操作题目	制冷装置更换干燥过滤器		完成时间		10 min

序号		评估要求	备注
1	基本知识	口述干燥剂的成分：常用氟利昂制冷装置的干燥剂为硅胶，其主要成分为二氧化硅，为了判断其含水量，常加掺染色剂	概念混淆或基本无概念不合格
2	更换前的准备工作	关贮液器出口阀	不会此项不合格
		启动压缩机抽取系统冷剂	
		等低压停机后切断电源使供液电磁阀失电关闭	
		拆下干燥器，做好记号，拆下干燥器端盖	
3	分析、判断及正确填充干燥剂	浅蓝色变为红色或褐色则失效。如浅粉红色可在160℃的高温缓慢烘干并筛滤后回收使用	概念混淆或基本无概念不合格
		加装时注意滤网质量，以防粉尘吸入系统；检查垫床质量，以防运行时冷剂泄漏	不会此项不合格
4	安装与检验	接好干燥器后松开供液电磁阀前的管子接头，稍开贮液器出口阀，直至供液阀前接头有结霜现象，再旋紧管子接头，以驱除干燥器中不凝性气体	不会此项不合格
		开启贮液器出口阀，恢复电源，系统恢复工作	

开始时间		结束时间		所用时间	
结论	合格□		评估员		
	不合格□		主考官		

渔业船员评估记录表

姓名		准考证号		职务	
类别		等级		评估日期	
科目	渔船电工技术 常用电气测量仪器（元件）	评估方法		实操	
操作题目	万用表的使用		完成时间	10 min	

序号	评估要求	备注
1	万用表的检查	不会此项不合格
2	用万用表测交、直流电压	不会此项不合格
3	用万用表测量电阻	不会此项不合格
4	测量完毕后的结束工作	
5		
6		
7		

开始时间		结束时间		所用时间	
结论	合格□		评估员		
	不合格□		主考官		

渔业船员评估记录表

姓名		准考证号		职务	
类别		等级		评估日期	
科目	渔船电工技术 常用电气测量仪器（元件）		评估方法		实操
操作题目	便携式兆欧表的使用			完成时间	10 min

序号	评估要求	备注
1	根据被测对象正确选表和检查	不会此项不合格
2	测量三相异步电动机绝缘电阻（绕组对地、绕组对绕组）	
3	读数正确、绝缘电阻是否达到标准值	不会此项不合格
4		
5		
6		
7		
8		
9		

开始时间		结束时间		所用时间	
结论	合格□		评估员	
	不合格□		主考官	

渔业船员评估记录表

姓名		准考证号		职务	
类别		等级		评估日期	
科目		渔船电工技术 （船舶电气设备）	评估方法		实操
操作题目		常用船舶电器元件的认识	完成时间		10 min

序号	评估要求	备注
1	看懂实际控制箱电路图	不会此项不合格
2	在实际电气控制箱中找出电路图中 5 个元器件的实物，并说出各元件的功用	不会此项不合格
3		
4		
5		
6		
7		
8		
9		

开始时间		结束时间		所用时间	
结论	合格□		评估员		
	不合格□		主考官		

渔业船员评估记录表

姓名		准考证号		职务	
类别		等级		评估日期	
科目	渔船电工技术 （船舶电器设备）		评估方法		实操
操作题目	发电机外部短路故障的判断及排除			完成时间	10 min

序号		评估要求	备注
1	故障判断	不是出现在有关人员的操作失误上（如并车操作等）	不会此项不合格
		不是发生在同时启动几台大负荷时	
		不是出现在利用船上起货机进行装卸货作业时	
		不是出现在先出现转速下降后发生主开关跳闸	
		不是出现在先发生电压下降后跳闸（从照明灯的亮度可得到判别）	
		一般可断定发生了发电机外部断路故障	
2	故障排除	应首先排除短路故障，然后合闸恢复电网供电	不会此项不合格
		检查是否因为发电机外部绝缘值降低，如果绝缘值低进行加热处理，以提高发电机的绝缘值	
		检查发电机线圈之间的绝缘值是否降低，如果绝缘值低进行加热处理或是更换线圈，以提高线圈的绝缘值	

开始时间		结束时间		所用时间	
结论	合格□		评估员		
	不合格□		主考官		

渔业船员评估记录表

姓名		准考证号		职务	
类别		等级		评估日期	
科目	渔船电工技术 （船舶电器设备）		评估方法		实操、口述
操作题目	发电机过载故障的判断及排除			完成时间	10 min

序号		评估要求	备注
1	故障判断	单机运行，发电机的容量不能满足负载	
		并联运行中的机组，功率分配不均	
		有多台大功率的电机同时启动	
2	故障排除	单机运行时发电机的容量不够，要及时并车	不会此项不合格
		并联机组功率分配不均，要及时调整油门，使两台发电机功率分配均匀	不会此项不合格
		多台大功率的电机同时启动引起过载时，在操作时避免大功率电机同时启动	不会此项不合格
		如果因过载保护导致电网失电，应及时将空气开关合上	不会此项不合格

开始时间		结束时间		所用时间	
结论	合格□		评估员		
	不合格□		主考官		

渔业船员评估记录表

姓名		准考证号		职务	
类别		等级		评估日期	
科目	渔船电工技术 （船舶电器设备）		评估方法		实操、口述
操作题目	三相异步电动机不能启动故障的原因判断与处理			完成时间	10 min

序号	评估要求	备注
1	三相电源未接通（开关、熔丝、电机接线等有断路）	不会此项不合格
2	控制线路有故障	不会此项不合格
3	定子绕组有短路、断路	
4	轴承或转子卡住	不会此项不合格
5		
6		
7		
8		
9		
10		

开始时间		结束时间		所用时间	
结论	合格□		评估员		
	不合格□		主考官		

渔业船员评估记录表

姓名		准考证号		职务	
类别		等级		评估日期	
科目	渔船电工技术 （船舶电器设备）		评估方法		实操、口述
操作题目	三相异步电动机轴承过热故障的原因判断与处理			完成时间	10 min

序号	评估要求	备注
1	轴承磨损严重或损坏	不会此项不合格
2	润滑脂过多、过少或变质	
3	电动机端盖或轴承安装不良	不会此项不合格
4	联轴器安装不良	不会此项不合格
5	转轴弯曲变形	
6		
7		

开始时间		结束时间		所用时间	
结论	合格□		评估员		
	不合格□		主考官		

渔业船员评估记录表

姓名		准考证号		职务	
类别		等级		评估日期	
科目	渔船电工技术 （船舶电器设备）	评估方法		实操、口述	
操作题目	三相异步电动机运行时振动过大故障的 原因判断与处理	完成时间		10 min	

序号	评估要求	备注
1	单相运行	不会此项不合格
2	定子绕组引出线接错	
3	定、转子相擦	
4	轴承损坏或严重缺少润滑脂	不会此项不合格
5	风扇叶碰壳	
6	振动过大	
7		
8		
9		
10		

开始时间		结束时间		所用时间	
结论	合格□		评估员		
	不合格□		主考官		

渔业船员评估记录表

姓名		准考证号		职务	
类别		等级		评估日期	
科目	渔船电工技术（船舶电器设备）	评估方法		实操	
操作题目	电路串联与并联	完成时间		10 min	

序号	评估要求	备注
1	电路并联连接	不会此项不合格
2	电路串联连接	不会此项不合格
3		
4		
5		
6		
7		
8		
9		
10		

开始时间		结束时间		所用时间	
结论	合格□		评估员		
	不合格□		主考官		

渔业船员评估记录表

姓名		准考证号		职务	
类别		等级		评估日期	
科目	渔船电工技术 （船舶电站）	评估方法		实操、口述	
操作题目	主配电板安全运行管理		完成时间		5 min

序号	评估要求	备注
1	日常应检查仪表、开关、指示灯是否完好、是否正常，如有异常应及时修复或更换	不会此项不合格
2	主开关每月一次，检查各活动零件是否活动。正常紧固件是否松动，可调部分油污有否变形或位移等，发现不正常应及时采取相应措施	
3	每半年检查一次合闸操作机构是否灵活、可靠，清洁灭弧罩及栅片上的烟灰，保持触头表面光洁	
4	每半年检查一次过载、失压保护装置及其延时装置是否可靠。过载、短路、欠压整定值每4～5年校验一次。充磁装置每半年检查一次整流二极管等设施，防止倒流	不会此项不合格

开始时间		结束时间		所用时间	
结论	合格□		评估员		
	不合格□		主考官		

渔业船员评估记录表

姓名		准考证号		职务	
类别		等级		评估日期	
科目	渔船电工技术 （船舶电站）		评估方法		实操
操作题目		岸电连接		完成时间	10 min

序号	评估要求	备注
1	了解接岸电的三个条件：电压、频率、相序。确定电制相同，即电压、频率相同	概念混淆或基本无概念不合格
2	任意接好 A、B、C 三相电，观察相序指示灯。绿灯亮相序一致，接对；红灯亮相序相反，接错。只要把相序转换开关转到另一侧即可（老式船舶可根据电机转动的方向进行判别）	
3	分闸主运行机，停车	不会此项操作不合格
4	合上岸电开关，供电	
5	断开岸电的操作	
6	恢复主发电机供电	

开始时间		结束时间		所用时间	
结论	合格□		评估员		
	不合格□		主考官		

渔业船员评估记录表

姓名		准考证号		职务	
类别		等级		评估日期	
科目	渔船电工技术 （船舶电站）	评估方法		实操、口述	
操作题目	发电机手动并车与解列		完成时间		10 min

序号	评估要求	备注
1	船舶电站的控制模式转换到手动控制模式，优先级选择开关关闭	不会此项操作不合格
2	检查待并机是否具备启动条件（油、气、水）	
3	待并机启动之后，观察相关参数是否正常（电压、频率）	不会此项操作不合格
4	待参数正常后，打开同步表选择待并机	不会此项操作不合格
5	观察同步表指示灯旋转方向（顺时针），旋转速度（3～5 s/圈）	
6	待同步表指示灯在 11 点位置合闸供电，且待并机不产生逆功率	
7	待解列机负荷转移到并网机	不会此项操作不合格
8	负荷转移完毕（5%Pe<ΔP≤10%Pe）	
9	待解列机分闸解列，且不会造成逆功率	不会此项操作不合格
10	解列机运行 10～15 min 停车	
11	船舶电站控制模式由手动控制转换成自动控制	不会此项操作不合格

开始时间		结束时间		所用时间	
结论	合格□		评估员		
	不合格□		主考官		

渔业船员评估记录表

姓名		准考证号		职务	
类别		等级		评估日期	
科目	渔船电工技术 （船用蓄电池）		规定时间内完成，超时为不合格		
操作题目	测定蓄电池电压和电解液比重，判断蓄电池的状态			完成时间	5 min

序号	评估要求	备注
1	用万用表测量蓄电池单个电池的电压	不会此项操作不合格
2	如果电压为 $1.7\sim1.8\,V$ 则蓄电池中电能已发完，如果电压为 $2.6\,V$ 则蓄电池充满电	
3	用比重计来测量蓄电池单个电解液的密度	概念混淆或基本无概念不合格
4	如果密度为 $1.275\sim1.31\,g/cm^3$ 则电池充满电，如果密度为 $1.13\sim1.18\,g/cm^3$ 则电池电能已放完	概念混淆或基本无概念不合格

开始时间		结束时间		所用时间	
结论	合格□		评估员		
	不合格□		主考官		

渔业船员评估记录表

姓名		准考证号		职务	
类别		等级		评估日期	
科目	渔船电工技术 （船用蓄电池）		规定时间内完成，超时为不合格		
操作题目	蓄电池充电的操作方法		完成时间	5 min	

序号	评估要求	备注
1	熟悉蓄电池的一些充电方法：恒流充电法、恒压充电法、分段恒流充电法、浮充电法、过充电法	不会此项操作不合格
2	充电操作：补充蒸馏水，用万用表测量蓄电池单个电池的电压，将电池的接头与充电机的接头正确连接	
3	采用分段恒流充电法	概念混淆或基本无概念不合格
4	分段恒流充电法过充电	概念混淆或基本无概念不合格

开始时间		结束时间		所用时间	
结论	合格□		评估员		
	不合格□		主考官		

渔业船员评估记录表

姓名		准考证号		职务	
类别		等级		评估日期	
科目	动力测试与分析		评估方法		实操
操作题目	船舶主柴油机压缩压力测量与分析			完成时间	20 min

序号	评估要求	备注
1	爆压表的正确认识	概念混淆或基本无概念不合格
2	分析爆压表测取的数值与缸内实际爆压的误差	
3	根据不同机型进行单缸停油	
4	正确使用爆压表测取各缸压缩压力	不会此项不合格
5	正确分析所测的数据及提出正确的解决方法	概念混淆或基本无概念不合格
6	正确记录轮机日志	

开始时间		结束时间		所用时间	
结论	合格□		评估员		
	不合格□		主考官		

渔业船员评估记录表

姓名		准考证号		职务	
类别		等级		评估日期	
科目	动力测试与分析		评估方法		实操
操作题目	船舶主柴油机最大爆炸压力测量与分析			完成时间	20 min

序号	评估要求	备注
1	爆压表的正确认识	概念混淆或基本无概念不合格
2	分析爆压表测取的数值与缸内实际爆压的误差	
3	正确使用爆压表测取各缸最大爆压	不会此项不合格
4	正确分析所测的数据及提出正确的解决方法	概念混淆或基本无概念不合格
5	正确记录轮机日志	

开始时间		结束时间		所用时间	
结论	合格□		评估员		
	不合格□		主考官		

渔业船员评估记录表

姓名		准考证号		职务	
类别		等级		评估日期	
科目	动力测试与分析		评估方法		实操
操作题目	液压舵机的测试与调整		完成时间		25 min

序号	评估要求	备注
1	检查舵机各运动部件活动范围内有无阻碍物，各阀门位置是否正确，并向各油环注油或加油	不会此项不合格
2	检查舵角指示器与实际舵角是否相符，能了解调整方法	不会此项不合格
3	检查电器设备，启动油泵工作，检查是否漏油、油压是否正常	
4	管系、各元件的名称、作用的认识	不会此项不合格
5	手动试舵：0°——左 30°——右 30°——0°是否正常	
6	远操试舵：0°——左 5°（右 5°）——15°左（右）——25°左（右）——30°左（右）	
7	注意液压舵机的系统油压、油温、油箱液位是否正常	不会此项不合格
8	不应有不正常的噪声和撞击声，密封处不得漏油	
9	工作电压是否正常，各轴承是否发热	
10	各摩擦部分的润滑情况	

开始时间		结束时间		所用时间	
结论	合格□		评估员		
	不合格□		主考官		